煤直接液化残渣改性沥青材料的
开发及应用

季 节　王 哲
韩秉烨　魏建明　著

人民交通出版社股份有限公司
北 京

内 容 提 要

本书共分 8 章,第 1 章主要介绍了煤炭液化技术、DCLR 的利用方式和现状;第 2 章介绍了 DCLR 的基本性能,包括 DCLR 的组成、结构等;第 3 章介绍了 DCLR 改性沥青的制备工艺;第 4 章主要对 DCLR 与石油沥青的相容性进行了评价;第 5 章介绍了 DCLR 改性沥青的性能表征;第 6 章介绍了煤直接液化残渣改性沥青的胶浆性能;第 7 章介绍了煤直接液化残渣改性沥青混合料性能;第 8 章给出了 DCLR 及复合 DCLR 改性沥青混合料的适用范围,并结合工程案例进行简要说明。

本书可供从事公路工程建设的科研、设计、施工和养护人员参考,也可供相关科研院所师生使用和参考。

图书在版编目(CIP)数据

煤直接液化残渣改性沥青材料的开发及应用／季节等著. — 北京 : 人民交通出版社股份有限公司, 2021. 11
　　ISBN 978-7-114-17581-7

　　Ⅰ.①煤…　Ⅱ.①季…　Ⅲ.①煤渣—改性沥青—研究　Ⅳ.①TE626.8

中国版本图书馆 CIP 数据核字(2021)第 173103 号

Mei Zhijie Yehua Canzha Gaixing Liqing Cailiao de Kaifa ji Yingyong
书　　名:煤直接液化残渣改性沥青材料的开发及应用
著 作 者:季 节　王 哲　韩秉烨　魏建明
责任编辑:李 瑞
责任校对:孙国靖　宋佳时
责任印制:张 凯
出版发行:人民交通出版社股份有限公司
地　　址:(100011)北京市朝阳区安定门外外馆斜街 3 号
网　　址:http://www.ccpcl.com.cn
销售电话:(010)59757973
总 经 销:人民交通出版社股份有限公司发行部
经　　销:各地新华书店
印　　刷:北京交通印务有限公司
开　　本:720×960　1/16
印　　张:16.75
字　　数:289 千
版　　次:2021 年 11 月　第 1 版
印　　次:2021 年 11 月　第 1 次印刷
书　　号:ISBN 978-7-114-17581-7
定　　价:60.00 元
(有印刷、装订质量问题的图书由本公司负责调换)

前　言

我国能源结构的主要特点是"富煤、贫油、少气"。在我国能源供应中,煤炭资源的利用处于绝对的主导地位,其占有份额可高达67.5%。然而,煤炭在生产与消费过程中对环境的破坏作用也逐渐凸显出来,并受到人们的高度重视。随着人们对煤炭资源合理利用意识的发展、环保标准的提高与相关的法律法规的不断完善,合理、高效、清洁化利用煤炭资源已迫在眉睫。为了加速我国煤炭的"绿色转型",国家也在不断大力推进以煤制油、煤制气、煤制烯烃、煤基多联产等为主要方向的关键技术大规模示范应用,优化煤炭利用方式,并将推动煤炭等化石能源清洁高效利用列入我国"十四五"规划纲要中。

煤液化技术是实现煤炭清洁高效利用的有效技术手段之一,将固体煤炭通过化学反应过程转化成为液体燃料、化工原料和产品,是一种先进的洁净煤技术,包括直接液化和间接液化两种工艺。两种液化工艺中,煤间接液化技术的煤炭转化燃料转化率低、成本高,相对而言煤直接液化技术中煤炭转化燃料的产量高、成本低,因而煤直接液化技术得到快速发展。煤直接液化技术始于20世纪初期,典型的煤直接液化技术主要有德国IGOR工艺、日本NEDOL工艺、美国HTI工艺和中国神华新工艺。目前,除了中国神华新工艺有工业化示范装置外,其他国家直接液化工艺均处于技术层面的研究,中间放大试验已经完成,但还未出现工业化生产厂。在各种煤直接液化工艺中,除了得到所需要的汽油、柴油等液体燃料产品外,不可避免地会产生占原料煤总量30%左右的重质副产物——煤直接液化残渣(Direct Coal Liquefaction Residue,DCLR)。由于目前人们将研究重点放在煤直接液化技术中催化剂开发、工艺优化等方面,对 DCLR 的研究十分有限,DCLR 往往直接被当作垃圾堆弃处理或直接作为燃料燃烧,进一步加剧了煤炭对环境和资源的破坏,不仅不利于促进煤炭资源清洁、循环利用和可持续发展,还诱发了新的一系列环境和社会问题。因此,如何将如此巨大数量的 DCLR 资源化、低碳化、清洁化综合利用,是煤炭清洁高效利用过程中所面临的新问题和新挑战。

DCLR 是一种高碳、高灰、高硫物质,由煤直接液化过程中未反应的煤有机体、中间产物无机矿物质、外加催化剂及部分液化重质油构成的混合物。DCLR 中的沥青烯、前沥青烯和四氢呋喃不溶物等组分之间存在协同效应,具备开发为道路用石油沥青改性剂的可能性。本书主要针对目前我国道路建设与养护中需要大量改性沥青的迫切需要,沥青改性技术和改性剂产品单一、改性沥青性能不稳定、改性剂价格高大幅增加改性沥青经济成本的现状,充分发挥 DCLR 本身材料特性的优势,将其开发为道路用石油沥青改性剂。这样不仅解决了煤直接液化技术中 DCLR 的去处问题,而且开发了一种新型的节能环保、性能稳定优异且价格低廉的沥青改性材料及技术,同时拓展了目前沥青改性的技术途径,实现了煤炭废弃物资源化、低碳化、清洁化综合利用,对保护环境、提升煤炭清洁高效利用、研发煤炭新型节能环保技术都会产生积极、深远的影响,应用前景十分广阔。

本书共分8章,第1章绪论,由季节执笔;第2章煤直接液化残渣的基本性能,由石越峰、郑文华执笔;第3章煤直接液化残渣改性沥青制备技术,由郑文华、石越峰、魏建明执笔;第4章煤直接液化残渣与石油沥青相容性评价,由季节、魏建明执笔;第5章煤直接液化残渣改性沥青的性能表征,由季节、索智、王哲执笔;第6章煤直接液化残渣改性沥青胶浆性能,由季节、金珊珊、徐新强执笔;第7章煤直接液化残渣改性沥青混合料性能,由季节、许鹰、韩秉烨执笔;第8章煤直接液化残渣改性沥青混合料的工程应用,由季节、武昊执笔。由季节对全书各章节进行了修改和补充。本书各章节采用的大量试验数据来源于国家自然科学基金(51478028、51778038、52078025)、教育部长江学者和创新团队发展计划、北京市长城学者人才计划、北京市百千万人才工程、北京节能减排与城乡可持续发展省部共建协同创新中心、北京未来城市设计高精尖创新中心等科研项目资助以及课题组多位博士及硕士的研究成果,特别感谢赵永尚、陈磊、苑志凯、李辉、王迪、李鹏飞等为本书所作的贡献。

本书得到北京市百千万人才工程学术著作出版基金等经费的资助以及人民交通出版社股份有限公司编辑们的精心审编,在此表示衷心感谢。

鉴于作者水平所限,本书难免有许多不足之处,恳请读者批评指正。

编 著
2021 年 3 月

目　　录

第1章 绪 论

　　煤炭是世界上储量最多、分布最广的化石能源,也是重要的战略资源。截至 2018 年底,世界煤炭储量高达 1.04 万亿吨,大约是石油和天然气储量的 3 倍。我国煤炭资源也十分丰富,储量高达 0.13 万亿吨,分布面广,除上海市外,其他省、自治区、直辖市都有不同数量的煤炭资源。

　　我国能源结构的基本特征是"富煤、贫油、少气",分布极不均衡。煤炭作为我国能源结构中的主体能源,消费比例相对较高,一直维持在 60% 左右。尽管我国目前大力发展清洁能源,但煤炭在能源结构中的主导地位在短时间内仍将继续保持。与其主体能源的地位相对应,煤灰也是我国主要大气污染物的最大贡献者。煤炭直接燃烧等原始的、低效的、粗放的利用方式和简易的污染控制设施是造成雾霾天气频繁出现的重要原因。在我国人为排放的大气污染物中,93% 以上的 SO_2、70% 的 NO_x、67% 的烟粉尘、63% 的一次 $PM_{2.5}$ 排放量,以及 84% 的汞(Hg)排放和煤炭直接燃烧有关。因此,在目前我国打好大气污染治理攻坚战的严峻形势下,大力推进煤炭资源的高效、清洁、低碳利用具有十分重要的意义。

1.1 煤炭清洁高效利用技术

　　我国"十三五"规划纲要中,将"煤炭清洁高效利用"列为未来 100 项国家重大工程项目之一。2015 年,国家能源局发布《煤炭清洁高效利用行动计划(2015—2020 年)》(国能煤炭〔2015〕141 号),提出了构建清洁、高效、低碳、安全、可持续的现代煤炭清洁利用体系。同年,国家能源局、环保部以及工业和信息化部联合下发了《关于促进煤炭安全绿色开发和清洁高效利用的意见》,提出要积极推进煤炭发展方式转变,提高煤炭资源综合开发利用水平。2016 年,工业和信息化部、财政部联合组织实施《工业领域煤炭清洁高效利用行动计划》,以推进工业领域煤炭清洁高效利用,提高煤炭利用效率,防治大气环境污染,保障人民群众身体健康。同年,国家发改委、国家能源局颁布的《能源生产和消费革命战略(2016—2030 年)》中,提出要低碳绿色减排发展中长期能源,到 2030

1

年,煤炭消费比例要下降至45%左右。2018年,国务院印发了《打赢蓝天保卫战三年行动计划》,进一步强调重点区域要实施煤炭消费总量控制,到2020年煤炭消费比例要下降至58%以下。2021年《中国能源发展报告2020》中指出,"十四五"期间我国国民经济将继续保持稳定增长,能源结构低碳化转型将更加明显,预计到2025年煤炭消费比例有望降至51%左右。因此,要想助力我国经济、社会、环境高质量发展,实施煤炭清洁高效利用技术势在必行。

煤炭清洁高效利用技术是指在煤炭从开采到利用的全过程中,减少污染物排放和提高煤炭利用效率的加工、转化、燃烧及污染控制等方面的新技术。通过实施煤炭清洁高效利用技术,有利于提升煤炭利用效率,减少粉尘、SO_2 和 NO_x 的排放,改善生态与大气环境。煤炭清洁高效利用技术主要包括:煤炭液化技术、煤炭气化技术、煤炭洁净发电技术等。

本书主要以煤炭液化技术中产生的煤液化残渣为研究对象,围绕其资源化、低碳化、清洁化综合利用开展系统、全面的研究。因此,重点介绍一下煤炭液化技术。

1.2 煤炭液化技术

煤炭液化技术是把煤炭通过化学加工过程,使其转化成为液体燃料、化工原料和产品的先进洁净煤技术。根据加工方式的不同,可分为直接液化技术和间接液化技术两类。

1.2.1 煤炭直接液化技术

煤炭直接液化技术是指将煤炭、催化剂和溶剂混合在液化反应器中,在适宜的温度和压力条件下,将煤炭直接转化为液态产品的技术。煤炭直接液化技术的优点是油品收率高,馏分油以汽油、柴油为主,产品的选择性相对较高,油煤浆进料、设备体积小、投资低、运行费用低等;缺点是反应条件相对苛刻,得到的产物组成较复杂,分离相对困难。图1-1为煤炭直接液化工艺流程。

自20世纪初发明煤炭直接液化技术以来,煤炭直接液化工艺经历了100余年的发展,主要经历了以下4个阶段。

(1)第1阶段:1913—1945年,煤炭直接液化技术的发展主要集中在德国,代表性工艺是德国老IG(Interessen-Gemeinschaft Farbenindustrie,法本公司)液化工艺。

（2）第 2 阶段：1945—1973 年，由于中东地区大量廉价石油的开发，煤炭直接液化技术陷于低谷，只有美国等少数国家进行基础研究。

（3）第 3 阶段：1973—2000 年，由于第二次石油危机，煤炭直接液化技术的研究出现了一个新的高潮，美国、德国、日本等发达国家相继开发出了多种煤炭直接液化新工艺，代表性的工艺有德国的 IGOR（Integrated Gross Oil Refine，煤液化精制联合）工艺、美国的 HTI（Hydraulics Technology Inc.，液压技术公司）工艺和日本 NEDOL（New Energy Development Organization Liquefaction，新能源开发机构液化法）工艺等。

（4）第 4 阶段：2000 年至今，我国开始大力开展煤炭直接液化技术的研发工作，代表性工艺有我国神华煤炭直接液化工艺和中国煤炭科学研究院的 CDCL 工艺，而国外相关的研究工作基本上处于停滞状态。

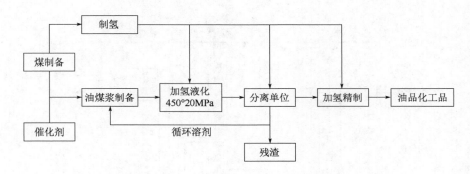

图 1-1　煤炭直接液化工艺流程

下面分别介绍一下德国 IGOR 工艺、日本 NEDOL 工艺、美国 H-Coal（Hydrogen Coal，氢-煤法）工艺和中国神华煤炭直接液化工艺等。

1）德国 IGOR 工艺

IGOR 工艺是在 DT（德国新工艺）工艺的基础上，将煤炭加氢液化与加氢精制过程结成一体的联合工艺，适用于烟煤的液化。该工艺特点为反应器的空速高、循环溶剂采用氢油、供氢性能好、煤炭液化转化率高、系统集成度高、油品质量好等。图 1-2 为德国 IGOR 工艺流程。

2）日本 NEDOL 工艺

NEDOL 工艺是 EDS（埃克森供氢溶剂）工艺的改进型，适用于次烟煤和低品质烟煤液化。该工艺特点为反应压力低、催化剂采用合成的铁系催化剂或天然黄铁矿、固液分离采用减压蒸馏法等。图 1-3 为日本 NEDOL 工艺流程。

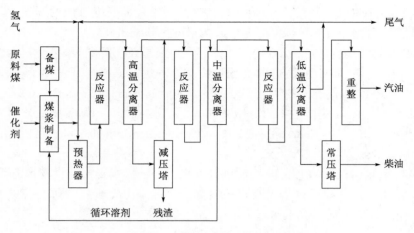

图 1-2　德国 IGOR 工艺流程

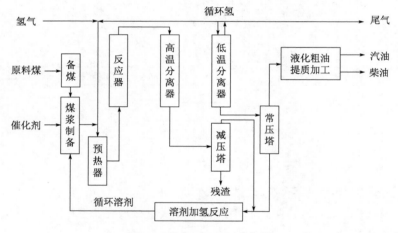

图 1-3　日本 NEDOL 工艺流程

3）美国 H-Coal 工艺

H-Coal 工艺以褐煤、次烟煤或烟煤为原料,生产合成原油或低硫燃料油。该工艺主要特点为采用高活性钴钼催化剂,采用固、液、气三相沸腾床催化反应器,煤炭液化转化率高等。图 1-4 为美国 H-Coal 工艺流程。

4）中国神华煤炭直接液化工艺

神华煤炭直接液化工艺是在 HTI 工艺基础上,对其进行优化后的工艺。该工艺特点为采用强制循环悬浮床反应器、采用人工合成超细铁基催化剂、取消了溶剂脱灰工序、循环溶剂全部加氢等。图 1-5 为中国神华煤炭直接液化工艺流程。

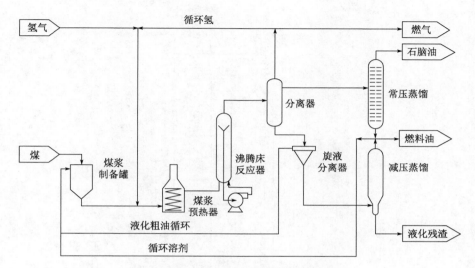

图 1-4 美国 H-Coal 工艺流程

1.2.2 煤炭间接液化技术

煤炭间接液化技术是先将煤炭在气化炉内气化得到合成气,合成气通过费托(F-T)合成反应得到分子量分布很宽的液体产物,最后通过对液体产物蒸馏、加氢、重整等精炼过程,得到合格的液体燃料和化学品等。其优点是合成条件较温和、转化率高、煤种适应强、产品洁净、无硫氮污染物、工艺成熟;缺点是油品收率低、反应物均为气体、设备庞大、投资高、运行费用高。图 1-6 为煤炭间接液化工艺流程。

目前,实现工业化的煤炭间接液化工艺有南非的萨索尔(Sasol)费托合成工艺、荷兰壳牌的中质馏分合成(SDMS)工艺、兖矿集团的煤炭间接液化工艺等。

1)南非的萨索尔(Sasol)费托合成工艺

费托合成工艺主要包括煤气化、气体净化、变换和重整、合成和产品精制改质等部分。该工艺主要特点为合成条件较温和、转化率高等。图 1-7 为南非的萨索尔费托合成工艺流程。

2)荷兰壳牌的中质馏分合成(SDMS)工艺

中质馏分合成(SDMS)工艺由 CO 加氢合成高分子石蜡烃过程和石蜡烃加氢裂化或加氢异构化制取发动机燃料两阶段构成。图 1-8 为壳牌 SDMS 工艺流程图。

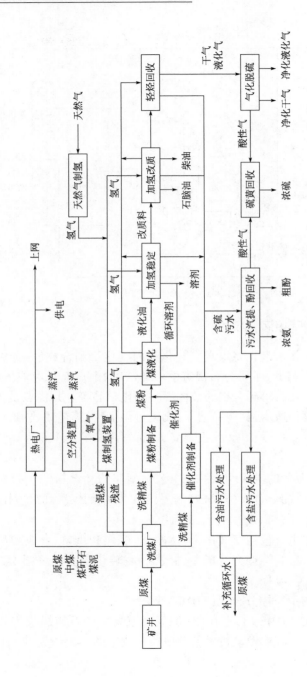

图1-5 中国神华煤直接液化工艺流程

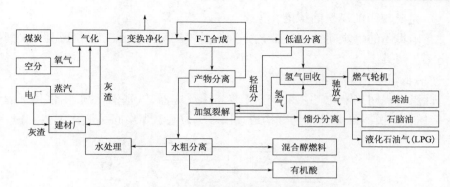

图 1-6 煤炭间接液化工艺流程

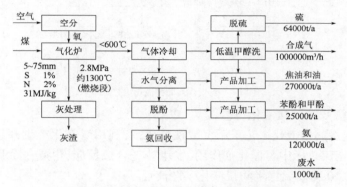

图 1-7 南非的萨索尔（Sasol）费托合成工艺流程

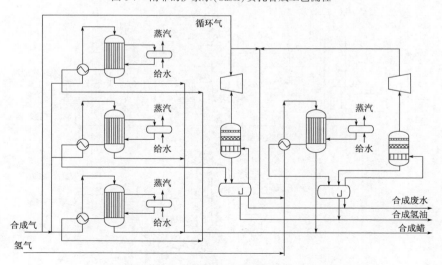

图 1-8 壳牌的 SDMS 工艺流程

3）兖矿集团的煤炭间接液化工艺

兖矿集团的煤炭间接液化工艺分为低温煤炭间接液化工艺和高温煤炭间接液化工艺两类。

（1）低温煤炭间接液化工艺。

低温煤炭间接液化工艺采用三相浆态床反应器、铁基催化剂，由催化剂前处理、费托合成及产品分离三部分构成。图1-9为低温煤炭间接液化工艺流程。

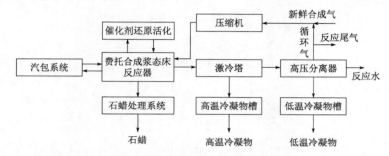

图1-9 低温煤炭间接液化工艺流程

（2）高温煤炭间接液化工艺。

高温煤炭间接液化工艺采用沉淀铁催化剂，利用煤气化产生并经净化的合成气，在固定流化床中与催化剂作用，发生费托合成反应，生成一系列的烃类化合物。图1-10为高温煤炭间接液化工艺流程。

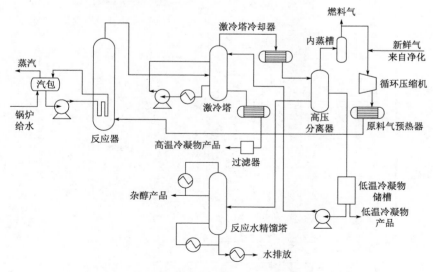

图1-10 高温煤炭间接液化工艺流程

在我国目前大力推进煤炭清洁高效利用技术的前提下,煤炭液化技术作为一种节能减排的能源利用方式也得到了快速发展。据估计,到 2020 年我国用于液化的煤炭消耗量达到 1.4 亿 ~ 1.7 亿 t,占煤炭总产量的 6% ~ 7%。

1.3 煤液化残渣的利用方式及现状

无论是哪种煤炭液化技术,均会产生占原料煤炭 10% ~ 30% 的煤液化残渣。煤液化残渣是一种高碳、高灰和高硫的物质,主要由未转化的煤炭、无机矿物质以及煤液化催化剂组成。由于煤液化残渣的成分复杂,人们对其特性及利用方式的研究还处于起步阶段。目前,煤液化残渣的利用方式主要是气化、燃烧、热解、堆放等方式。

1.3.1 气化

对煤液化残渣进行气化利用可采用两种方案:

(1)先焦化,后气化。如果煤炭液化固液分离的效率不高,煤液化残渣中富含未被分离出的液态产物,那么可先对煤液化残渣进行热解焦化,得到一部分焦油,这部分焦油可作为循环溶剂,也可进行提质生产油品,剩余的固体残余物作为气化原料。

(2)直接气化。煤液化残渣可通过 O_2/H_2O 直接进行气化,适宜转化成 H_2 的合成气。现代的气化工艺允许在高温高压下将分离出的煤液化残渣直接泵入加压流化床内,而不需要将气化原料制成水煤浆。如果气化介质为空气或 H_2O,就可以生产用于加热的燃料气。

1.3.2 燃烧

煤液化残渣具有较高的发热量,特别是采用减压蒸馏分离技术所得的煤液化残渣,其发热量更高,与优质动力煤相比,热值也毫不逊色,可用来做锅炉燃料或燃烧发电。但以硫铁基为催化剂的液化工艺得到的煤液化残渣硫含量非常高,直接燃烧后会增加烟气净化的负荷,环保性和经济性差,也有悖于煤炭液化工艺作为煤炭清洁高效利用技术的初衷。

1.3.3 热解

煤液化残渣含有较多重质油、沥青烯及前沥青烯,可通过热解回收其中的重质油,进一步转化成气相产物、可蒸馏油和焦炭,从而提高煤炭液化工艺产品的

9

收率。可单独对煤液化残渣进行热解,也可与煤炭共热解。

1.3.4 碳素材料

煤液化残渣富含大量的稠环芳烃,极易发生交联和聚合反应,是制备高性能炭材料的优质前驱体,可加工成高附加值的碳素材料,如电极石墨材料、碳纳米管和碳纤维材料等,但目前这些方法基本上处于初步的研究开发阶段,其可操作性还需进一步的研究。

1.3.5 石油沥青改性剂

煤液化残渣含有较多重质油、沥青烯、前沥青烯以及四氢呋喃不溶物,用于石油沥青中,可提高石油沥青的高温性能,因此,可通过工艺将煤液化残渣加工成道路用石油沥青改性剂。

综上可见,传统的煤液化残渣利用方式(气化、燃烧、热解、堆放等),经济性和环保性差,不仅不利于促进煤炭资源清洁、循环利用和可持续发展,还会诱发新的生态环境和社会问题。因此,无论从煤炭液化技术整体的经济性,还是从资源利用和环境保护的角度,必须开展对煤液化残渣的研究,科学、合理地解决煤液化残渣的处置问题。

1.4 本章小结

本章主要分析了在目前我国大力进行环境治理的严峻形势下,实施煤炭清洁高效利用技术的必要性,重点介绍了煤炭清洁高效利用技术中的煤炭液化技术及其工艺,发现了传统对煤炭液化技术中产生的煤液化残渣利用方式的不足。因此,本书以煤液化残渣为研究对象,基于其特性,将其开发为道路用石油沥青改性剂,制备煤液化残渣改性沥青及其混合料,并应用在道路工程中,拓展煤液化残渣新的利用方式,变废为宝。这样不仅能解决煤液化残渣的处置问题,而且可提高煤液化残渣的附加值,实现资源化、低碳化、清洁化综合利用。

本章参考文献

[1] 朱彤. 能源转型与我国煤炭高效清洁利用[J]. 神华科技,2019,17(02):75-81.

[2] 穹顶之下煤炭之殇——我国煤炭生产消费与环保的影响研究[N]. http://info. glinfo. com/15/0306/14/9A7E2997EC5A6184. html.

[3] 《中国煤炭消费总量控制方案和政策研究项目》课题组.煤炭使用对中国大气污染的贡献[R].2014.

[4] Hildebrandt D, Glasser D, Hausberger B, et al. Producing Transportation Fuels with Less Work[J]. Science,2009,323(5922):1680-1681.

[5] Weirauch. Benefits of Coal Liquefaction Technology[J]. Hydrocarbon Processing,2007,86(3):23-28.

[6] Shui Hengfu, Cai Zhenyi, Xu Chunbao. Recent Advances in Direct Coal Liquefaction[J]. Energies,2010,03(02):155-170.

[7] 王忠臣,等.煤液化制油技术研究进展[J].煤化工与甲醇,2019,45(02):18-21.

[8] 张明,等.煤炭清洁利用技术综述[J].安徽化工,2020,46(01):16-19.

[9] 岑可法.煤炭高效清洁低碳利用研究进展[J].科技导报,2018,36(10):66-74.

[10] 林宇.煤炭清洁高效利用相关问题研究[J].山东工业技术,2018(05):87.

[11] 张绍强.中国煤炭清洁高效利用的实践与展望[J].科技导报,2016,34(17):56-63.

[12] 舟丹.我国煤炭清洁高效利用技术创新目标[J].中外能源,2016,21(07):78.

[13] 张楠.煤炭清洁高效转化技术研究[J].当代化工研究,2020(02):139-140.

[14] 白丽丽,等.煤炭清洁高效利用技术的发展研究[J].内蒙古科技与经济,2016(03):108-109.

[15] 国家能源局.煤炭清洁高效利用行动计划(2015—2020 年)[J].能源研究与利用,2015(03):8.

[16] 杨龙.煤制油产业技术的应用与研究[J].山西化工,2020,185(01):28-31.

[17] 国家能源局,环境保护部,工业和信息化部.关于促进煤炭安全绿色开发和清洁高效利用的意见:国能煤炭[2014]571 号[J].风机技术,2015,57(01):2.

[18] 张玉卓.中国煤炭液化技术发展前景[J].煤炭科学技术,2006(01):19-22.

[19] 徐会军,等.煤炭直接液化技术的发展[J].煤炭加工与综合利用,2003(04):36-39,61.

[20] 李克健,等.德国 IGOR 煤液化工艺及云南先锋褐煤液化[J].煤炭转化, 2001(03):13-16.

[21] Bituminous Coal Liquefaction Technology (NEDOL)[R].Japan：Clean Coal Technologies in Japan,2006:59-60.

[22] Winschel R A, Brandes S D, et al. Exploratory Research on Novel Coal Liquefaction Concept [J]. Jewish Quarterly Review,2012,05(02):206-208.

[23] Liu Zhenyu, Shi Shidong, Li Yongwang. Coal Liquefaction Technologies Development in China and Challenges in Chemical Reaction Engineering[J]. Chemical Engineering Science,2010,65(01):12-17.

[24] Khare S, Dell' Amico M. An Overview of Solid-Liquid Separation of Residues from Coal Liquefaction Processes [J]. Canadian Journal of Chemical Engineering,2013,91(10):324-331.

[25] Zheng Lizhen, Wang Xiaohua, Zhang Tieshuan, et al. Research Progress in Utilizations of Coal Liquefaction Residues[J]. International Conference on Materials for Renewable Energy & Environment, 2011, Vol. 02 (01): 1627-1630.

[26] 胡发亭,等.煤直接液化制油技术研究现状及展望[J].洁净煤技术,2020, 26(01):99-109.

[27] 王学云,等.煤间接液化合成油技术研究现状及展望[J].洁净煤技术, 2020,26(01):110-120.

[28] 黄雍.煤液化残渣的理化性质及热吹扫过程研究[D].上海:华东理工大学,2015.

[29] 谷小会.神华煤直接液化残渣特性的探讨[D].北京:煤炭科学研究总院北京煤化工分院,2005.

[30] 盛英,等.煤直接液化残留物制备中间相沥青[J].煤炭学报,2009,34 (08):1125-1128.

[31] 季节,等.煤直接液化残渣共混改性沥青的性能和微观结构[J].北京工业大学学报,2015(07):1049-1053.

[32] 王忠臣,等.煤加氢液化残渣利用研究进展[J].煤炭加工与综合利用, 2019,10:44-50.

[33] 石越峰.煤直接液化残渣改性沥青的制备及其性能研究[D].北京:北京建筑大学,2017.

[34] 冯成海,等.煤加氢液化残渣利用研究进展[J].应用化工,2019,48(11):

2733-2738.

[35] Zhang Jianbo, Jin Lijun, et al. Hierarchical Porous Carbons Prepared from Direct Coal Liquefaction Residue and Coal for Supercapacitor Electrodes [J]. Carbon,2012,55(02):221-232.

[36] Lv Dongmei, Wei Yuchi, et al. An Approach for Utilization of Direct Coal Liquefaction Residue: Blending with Low-Rank Coal to Prepare Slurries for Gasification[J]. Fuel,2015,145:143-150.

[37] 周颖,张艳,李振涛.以煤炭直接液化残渣为原料制备炭纳米管[J].煤炭转化,2007,30(03):41-44.

[38] Xiao Nan,Zhou Ying,Qiu Jieshan,et al. Preparation of Carbon Nano-Fibers/Carbon Foam Monolithic Composite from Coal Liquefaction Residue [J]. Fuel, 2010,89(05):1169-1171.

[39] Zheng Lizhen, Wang Xiaohua, Zhang Tieshuan, et al. Research progress in utilizations of coal liquefaction residues[C]. 2011 International Conference on Materials for Renewable Energy and Environment. New York:IEEE,2011: 1627-1630.

第2章 煤直接液化残渣的基本性能

煤直接液化残渣(Direct Coal Liquefaction Residue,DCLR)是在煤炭直接液化过程中产生的占原料煤炭 10% ~30% 的残渣,是一种高碳、高灰和高硫的物质,主要由未转化的煤炭、无机矿物质以及煤液化催化剂组成,其成分复杂,性质取决于所用煤炭种类、液化工艺和固液分离的方法等。

本章主要介绍 DCLR 的基本性能,包括其基本组成、结构和其他性能。

2.1 煤直接液化残渣的基本组成

本书所采用的 DCLR 主要来自中国神华集团煤制油化工有限公司在煤直接液化工艺中产生的副产品,其在常温下是一种片状的黑色固体,如图 2-1 所示。通过研磨,可将其加工成不同目数的粉末状固体,如图 2-2 所示。

图 2-1 煤直接液化残渣

图 2-2 煤直接液化残渣(粉末状)

DCLR 密度为 $1.2 \sim 1.3 \text{g/cm}^3$,针入度为 $1.0 \sim 5.0(0.1 \text{mm})$,软化点为 $170 \sim 190 ℃$,灰分含量为 15% 左右。DCLR 对温度敏感,在升温过程中黏度下降很快,没有黏度峰值,是一种非牛顿型假塑性流体,高温时接近牛顿液体。

由于 DCLR 成分复杂,由不同物质混合而成,没有固定的组成,也不能用一个化学式表示。因此,本书主要从组分和元素两个角度来分析其基本组成。

14

2.1.1 组分

将 DCLR 通过不同溶剂(正己烷、甲苯、四氢呋喃)逐级萃取,可将其分为 4 个组分:重质油(HS,可溶于正己烷)、沥青烯(A,不溶于正己烷而溶于甲苯)、前沥青烯(PA,不溶于甲苯而溶于四氢呋喃)和四氢呋喃不溶物(THFIS,未反应的煤、催化剂和矿物质)。其中,重质油的质量分数为 20% ~ 30%,主要是由烷基取代的萘衍生物组成;沥青烯的质量分数为 20% ~ 40%,主要由六元环缩合芳烃组成;前沥青烯的质量分数为 15% ~ 30%,主要由桥键和氢化芳烃连接的多个缩合芳香烃组成;四氢呋喃不溶物主要由未反应的煤炭、石英、硫酸钙、磁黄铁矿等矿物质组成,其质量分数为 45% 左右。此外,随着煤炭种类、液化工艺和固液分离方法的不同,DCLR 中各组分的比例、组成也可能发生改变。

参照《公路工程沥青及沥青混合料试验规程》(JTG E20—2011)中的相关规定,按照极性的不同对 DCLR 进行饱和分、芳香分、胶质和沥青质四组分测试,见表 2-1。

DCLR 的四组分 表 2-1

指 标	饱和分(%)	芳香分(%)	胶质(%)	沥青质(%)	I_c
DCLR	0.8	4.4	14.6	80.2	4.26

注:胶体不稳定系数 I_c =(沥青质 + 饱和分)/(芳香分 + 胶质)。

由表 2-1 可知:

(1)DCLR 的油分(主要指饱和分与芳香分)含量较低,仅为 5.2%,导致 DCLR 的黏滞度大;DCLR 中胶质含量较低(仅为 14.6%),在宏观性能上表现出 DCLR 黏结力、延度等性能较差;DCLR 中沥青质含量较高,导致 DCLR 的软化点相对较高,黏性较大,质地硬、脆、稠。

(2)胶体不稳定系数 I_c 可用来判断沥青的胶体结构类型,评价其四组分比例是否处于合理区间内。DCLR 的胶体不稳定系数 I_c 为 4.26,四组分之间的比例不平衡,严重失调,这主要是由于 DCLR 中高含量沥青质导致的。

2.1.2 元素

选用德国 Elementar 公司 vario MAX cube 型元素分析仪测试了 DCLR 的主要元素,见表 2-2。

DCLR 的 元 素 表 2-2

指 标	C(%)	H(%)	S(%)	N(%)	C/H
DCLR	75.80	4.41	2.37	0.45	17.2

由表 2-2 可知:DCLR 中 C 和 H 质量分数分别为 75.80% 和 4.41%,说明其主要由 C、H 元素组成。DCLR 中 C/H 值较大(17.2),说明 DCLR 分子结构中芳香环状结构较多,分子结构相对复杂。

2.2 煤直接液化残渣的结构

由于 DCLR 是一种成分复杂的混合物,没有固定的结构,因此,本书主要通过红外光谱测试仪(FTIR)、凝胶色谱测试仪(GPC)、核磁共振(NMR)、裂解气相色谱-质谱联用仪(Py-GC/MS)等检测手段并结合分子动力学模拟,对 DCLR 的红外光谱、分子量分布、分子结构进行了测试并模拟。

2.2.1 红外光谱

选用德国 Bruker Optics 生产的 FTIR 对 DCLR 的红外光谱进行测试,如图 2-3 所示。

由图 2-3 可知:

(1)DCLR 的特征峰在主官能团区(1300 ~ 4000cm^{-1})两个主要位置出峰:波数在 2920cm^{-1} 和 2850cm^{-1} 附近的吸收峰为甲基、亚甲基的伸缩振动吸收峰,波数在 3400cm^{-1} 处的吸收峰为羟基或者亚氨基的伸缩振动吸收峰。

(2)DCLR 在指纹区(400 ~ 1300cm^{-1})附近出现的特征峰比较多,分布比较宽,位置多出现在 1000 ~ 1300cm^{-1} 和 600 ~ 880cm^{-1} 等附近。由此可知,DCLR 是一种不饱和烃类化合物及一种烷烃取代苯异构体,归属为不饱和烃基。

2.2.2 分子量分布

选用美国 Agilent 公司生产的 GPC 对 DCLR 的分子量分布进行测试,如图 2-4 所示。

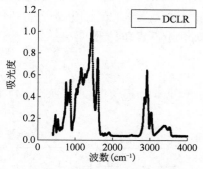

图 2-3 DCLR 的红外光谱图

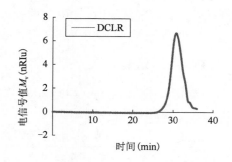

图 2-4 DCLR 的分子量分布

由图2-4可知：DCLR的重均分子量仅为497，多分散性仅为1.46，说明DCLR应属于一种小分子物质，具有单分散性。

2.2.3　分子结构

利用分子动力学对DCLR中的重质油、沥青烯和前沥青烯的分子结构进行模拟，如图2-5所示。

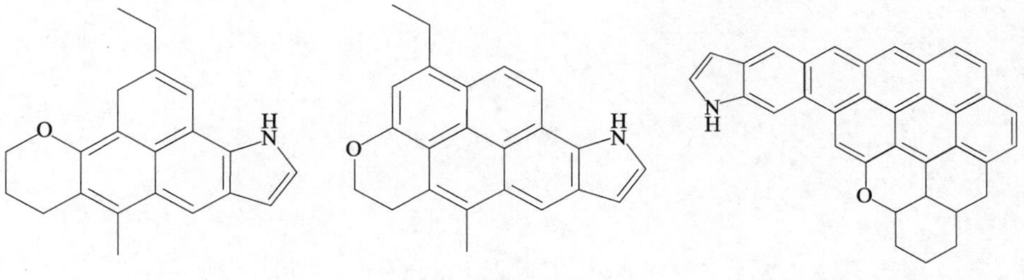

a) 重油　　　　　　　　b) 沥青烯　　　　　　　　c) 前沥青烯

图2-5　DCLR的分子结构

DCLR中重质油的平均分子式为$C_{25}H_{31}O_{0.2}N_{0.26}$，分子量为339，大都由2~3环的芳烃组成，个别芳烃已局部饱和为环烷烃，环上还有烷基取代基，烷基侧链平均链长为9~10个C，少量O与N形成杂环；沥青稀的分子式为$C_{101}H_{90.7}O_{3.6}N_2$，平均分子量为1387，主要由多环稠合芳烃组成，少量加氢饱和，环上有烷基取代基，取代基平均链长为13个C，少量N、O原子构成杂环，以及少量羟基、醚基存在。

2.3　煤直接液化残渣的其他性能

由于DCLR富含芳烃结构，在其综合利用过程中，必须考虑其对环境的影响。本书主要通过热重分析仪（TGA）、裂解气相色谱-质谱联用仪（Py-GC/MS）等检测手段分析DCLR在高温时的挥发特性及在水中的浸出特性。

2.3.1　高温挥发特性

采用DSC测试了DCLR在190℃下恒温30min后的挥发量，如图2-6所示。

由图2-6可知：DCLR的挥发量很小，仅有0.02%。为进一步探究DCLR挥发物的性质，采用热解-色谱/质谱对挥发物的性质进行了测试，如图2-7所示。

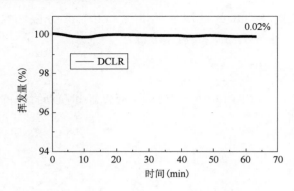

图 2-6　DCLR 的热重分析

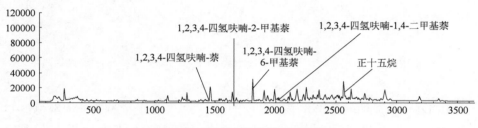

图 2-7　DCLR 的热解-色谱/质谱谱图

通过对比 NIST(美国国家标准技术研究所)标准谱库中的标准化合物的质谱谱图,可知 DCLR 中挥发物中主要包括半饱和的多环芳烃以及直链烷烃。

2.3.2　水中浸出特性

采用固体废物浸出毒性浸出方法[《固体废物浸出毒性浸出方法　水平振荡法》(HJ 557—2010)]检测了 DCLR 浸出物中的毒性,见表 2-3。

DCLR 浸出液检测结果　　　　　　　　表 2-3

检测项目	结果
萘	没有检测到
二氢苊	没有检测到
萘己环	没有检测到
芴	没有检测到
菲	没有检测到
蒽	没有检测到
荧蒽	没有检测到

18

续上表

检 测 项 目	结　果
芘	没有检测到
苉	没有检测到
苯并[a]蒽	没有检测到
苯并[b]荧蒽	没有检测到
苯并[k]芘	没有检测到
苯并[a]芘	没有检测到
二苯并[a,h]蒽	没有检测到
茚并[1,2,3-cd]芘	没有检测到
苯并[g,h,i]芘	没有检测到
苯并[j]荧蒽	没有检测到
苯并[e]芘	没有检测到
多环芳烃总量	没有检测到

由表 2-3 可知,在 DCLR 的浸出液中未检出任何 PAH(多环芳烃)。因此,DCLR 不存在浸出物中有毒性的风险。

2.4　本章小结

本章主要介绍了 DCLR 的基本性能,得到以下主要结论:

(1)DCLR 是由 20%～30% 重质油、20%～40% 沥青烯、15%～30% 前沥青烯及 45% 左右四氢呋喃不溶物等组成的一种成分十分复杂的混合物。

(2)按照沥青的四组分进行分类,DCLR 的饱和分、芳香分、胶质含量较低,沥青质含量较高,四组分之间的比例不平衡,导致 DCLR 质地硬、脆、稠。

(3)DCLR 主要由 C、H 元素组成,C/H 值较大。DCLR 是一种不饱和烃类化合物及一种烷烃取代苯异构体,归属为不饱和烃基。同时,DCLR 的重均分子量和多分散性均较低,说明其属于一种小分子物质。

(4)DCLR 在高温状态下挥发物含量很小,且挥发物中多为半饱和芳烃及烷烃,同时 DCLR 在水浸出物中无多环芳烃存在。

本章参考文献

[1]　Rathbone R F, Hower J C, Derbyshire F J. The Application of Fluorescence

Microscopy to Coal-Derived Residue Characterization［J］. Fuel,1993,72(08)：1177-1185.

［2］ Adachi Y,Nakamiz M. Chemical Structure of Pyridine Soluble Matter of Coal Liquefaction Residue［J］. Journal of the Japan Institute of Energy, 1993,72 (10)：930-934.

［3］ Nakagawa T,Sugiyama I,Sakawa M. Fluidity of Coal Liquefaction Residue［J］. Journal of the Japan Institute of Energy,1993,72(10):977-984.

［4］ Sugano M,Ikemizu R,Mashimo K. Effects of the Oxidation Pretreatment with Hydrogen Peroxide on the Hydrogenolysis Reactivity of Coal Liquefaction Residue［J］. Fuel Processing Technology,2002,77(01):67-73.

［5］ 程时富,等.煤直接液化残渣的萃取和利用研究［J］.煤炭转化,2015,38 (04):38-42.

［6］ 刘朋飞,等.神华煤直接液化残渣临界溶剂萃取研究［J］.燃料化学学报, 2012,40(07):776-781.

［7］ 中华人民共和国交通运输部.公路工程沥青及沥青混合料试验规程:JTG E20—2011［S］.北京:人民交通出版社,2011.

［8］ 蔺华林,等.煤液化沥青分析表征及结构模型［J］.燃料化学学报,2014,42 (07):779-784.

［9］ 谷小会.神华煤直接液化残渣结构特性的探讨［D］.北京:煤炭科学研究总院北京煤化工分院,2005.

［10］ 谷小会,等.神华煤直接液化残渣中重质油组分的分子结构［J］.煤炭学报,2006,31(1)：76-80.

［11］ 谷小会,等.神华煤直接液化残渣中沥青烯组分的分子结构研究［J］.煤炭学报,2006,31(06)：785-789.

［12］ 位艳宾.煤液化残渣的组成结构分析和催化加氢［D］.北京:中国矿业大学,2013.

［13］ 甄玉静,等.神华煤液化残渣性质的研究［J］.内蒙古石油化工,2014,08: 12-17.

［14］ Xu Long,Tang Mingchen,et al. Pyrolysis Characteristics and Kinetics of Residue from China Shenhua Industrial Direct Coal Liquefaction Plant［J］. Thermochemical Acta,2014,589:1-10.

［15］ 季节,等.煤直接液化残渣与沥青共混后的性能试验研究［J］.公路交通科技,2016,33(05):33-38.

[16] Gino A. Application of Light Microscopy to Direct Coal Liquefaction Research [J]. Microscopy and Microanalysis,1998,04(04):50-55.

[17] Ondrey G. A primer on coal-to-liquids: converting coal to liquid fuels is one option China and the U. S. are perusing [J]. Chemical Engineering,2009,116 (06):23-27.

[18] Nie Yi, Bai Lu, et al. Study on Extraction Asphaltenes from Direct Coal Liquefaction Residue with Ionic Liquids [J]. Industrial and Engineering Chemistry Research,2011,50(17): 10278-10282.

[19] Wang Jieli,Yao Hongwei,et al. Application of Iron-Containing Magnetic Ionic Liquids in Extraction Process of Coal Direct Liquefaction Residues [J]. Industrial and Engineering Chemistry Research,2012,51(09):3776-3782.

[20] Bai Lu,Nie Yi,et al. Protic Ionic Liquids Extract Asphaltenes from Direct Coal Liquefaction Residue at Room Temperature [J]. Fuel Processing Technology, 2013,108(04):94-100.

[21] Li Jun, Yang Jianli, et al. Hydro-Treatment of a Direct Coal Liquefaction Residue and its Components [J]. Catalysis Today,2008,130(2-4):389-394.

[22] 杨辉.煤液化残渣结构及中间相形成和转化研究[D].北京:北京化工大学,2013.

[23] 戴鑫,等.煤油共炼残渣性质分析[J].石油炼制与化工,2019,50(01):89-96.

[24] 吴艳.煤直接液化残渣中芳香分的分子水平表征[J].石油化工,2018,47(12):1409-1415.

第3章 煤直接液化残渣改性沥青制备技术

由于 DCLR 是一种成分复杂的混合物,在属性上与石油沥青存在一定的差异,若直接将 DCLR 加入石油沥青中制备 DCLR 改性沥青,会打破石油沥青体系结构的平衡,引起石油沥青体系内大分子的团聚,从而造成 DCLR 改性沥青性能不稳定。因此,需要研究 DCLR 与石油沥青的制备技术,发现影响 DCLR 改性沥青制备及性能的因素,制定合理的 DCLR 改性沥青制备工艺,以确保 DCLR 改性沥青性能稳定。

本章基于 DCLR 和石油沥青的性能,首先确定影响 DCLR 改性沥青制备工艺的三因素(剪切时间、剪切温度、剪切速率),其次,通过设计三因素三水平的正交试验方案,并结合灰色关联分析法,研究了不同因素及水平对 DCLR 改性沥青性能的影响规律,最后,综合确定了 DCLR 改性沥青的最佳制备工艺。

3.1 基 质 沥 青

选用的基质沥青为 SK-90 沥青,根据《公路工程沥青及沥青混合料试验规程》(JTG E20—2011)和 SHRP(Strategic Highway Research Program,战略公路研究计划)体系中的相关规定对其进行了性能测试,测试结果见表 3-1,SK-90 沥青的 PG 分级为 58-28。

SK-90 沥青的性能   表 3-1

指标	25℃针入度(0.1mm)	软化点(℃)	10℃延度(cm)	60℃动力黏度(Pa·s)	RTFOT 后残留物		
					质量变化(%)	针入度比(%)	10℃残留延度(cm)
测试值	81	51	51.8	218.4	+0.1%	64	8
技术要求	80~100	≥45	≥45	≥160	±0.8%	≥57	≥8

由表 3-1 可知,SK-90 沥青满足《公路沥青路面施工技术规范》(JTG F40—2004)中的相关技术要求。

同时,为了研究 DCLR 与 SK-90 沥青性能上的不同,采用红外光谱测试仪

（FTIR）、凝胶色谱测试仪（GPC）等分析手段,结合《公路工程沥青及沥青混合料试验规程》（JTG E20—2011）中的相关规定对 SK-90 沥青的红外光谱、分子量分布、元素以及四组分进行了测试,并将其与 DCLR 的相关性能进行对比,结果见表 3-2、表 3-3 和图 3-1、图 3-2。

SK-90 和 DCLR 的组分　　　　表 3-2

技术指标	饱和分（%）	芳香分（%）	胶质（%）	沥青质（%）	胶体不稳定系数 I_c
SK-90	11.5	51.4	25.1	12.0	0.31
DCLR	0.8	4.4	14.6	80.2	4.26

SK-90 和 DCLR 的元素　　　　表 3-3

技术指标	C（%）	H（%）	S（%）	N（%）	C/H
SK-90	84.10	10.40	5.25	0.25	8.09
DCLR	75.80	4.41	2.37	0.45	17.19

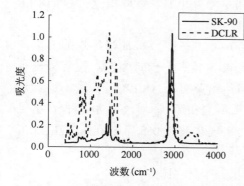

图 3-1　SK-90 沥青和 DCLR 的红外光谱图　　　图 3-2　SK-90 沥青和 DCLR 的分子量分布

由表 3-2 可知:

（1）通常情况下,沥青中的四组分应处于相对合理的比例。饱和分和沥青质含量相对较低且基本相当,其含量为 5%～25%,芳香分含量相对较高,其含量为 35%～60%,胶质含量为 15%～30%。从表 3-2 发现,SK-90 沥青四组分趋于合理,性能相对稳定且优异。而 DCLR 的油分（主要指饱和分与芳香分）含量较低,仅为 5.2%,导致 DCLR 的黏滞度大;DCLR 中胶质含量较低（仅为 14.6%）,在宏观性能上表现出 DCLR 黏结力、延度等性能较差;DCLR 中沥青质含量较高,导致 DCLR 的软化点相对较高,黏性较大,质地硬、脆、稠。

（2）胶体不稳定系数 I_c 可用来判断沥青的胶体结构类型,评价其四组分比

23

例是否处于合理区间内。通过表 3-2 发现,SK-90 沥青的胶体不稳定系数 I_c 仅为 0.31,而 DCLR 的胶体不稳定系数 I_c 为 4.26。这主要是由于 DCLR 中沥青质含量高达 80.2%,使得其四组分之间的比例失调。

由表 3-3 可知:SK-90 沥青的 C 质量分数和 H 质量分数分别为 84.10% 和 10.40%,DCLR 的 C 质量分数和 H 质量分数分别为 75.80% 和 4.41%,二者主要由 C、H 元素组成。但 SK-90 沥青和 DCLR 的 C/H 值差别很大,DCLR 的 C/H 值为 17.19,约是 SK-90 沥青 C/H 值的 2 倍。SK-90 沥青和 DCLR 的 S、N 等元素的质量分数差别不大,没有明显区别。

图 3-1 为 SK-90 沥青和 DCLR 的红外光谱对比图。

由图 3-1 可知:

(1)DCLR 和 SK-90 沥青的特征峰在主官能团区($1300 \sim 4000 cm^{-1}$)出现的波数基本一致,主要出现在波数 $2920 cm^{-1}$ 和 $2850 cm^{-1}$ 附近,但 SK-90 沥青的特征峰强度却远远大于 DCLR 的特征峰强度,说明 SK-90 沥青中含有大量的烷烃,归属为饱和烃基。另外,DCLR 在波数 $3400 cm^{-1}$ 处也有特征峰出现,说明 DCLR 中含有一定的烯烃和羧酸。

(2)DCLR 和 SK-90 沥青在指纹区($400 \sim 1300 cm^{-1}$)特征峰出现的波数却截然不同,DCLR 在指纹区附近出现的特征峰比较多,分布比较宽,位置多出现在 $1000 \sim 1300 cm^{-1}$ 和 $600 \sim 880 cm^{-1}$ 等附近,由此可知,DCLR 是一种不饱和烃类化合物及一种烷烃取代苯异构体,归属为不饱和烃基。而 SK-90 沥青在指纹区出现的特征峰比较少,分布比较窄,主要出现在波数 $655 \sim 1000 cm^{-1}$,由此可知,SK-90 沥青归属为不饱和碳氢化合物。

图 3-2 为 SK-90 沥青和 DCLR 的分子量分布对比图。

由图 3-2 可知:DCLR 的重均分子量仅为 497,多分散性仅为 1.46,说明 DCLR 应属于一种小分子物质,具有单分散性;而 SK-90 沥青的重均分子量为 2627,多分散性为 3.63,远远高于 DCLR,说明 SK-90 沥青是一种大分子物质,且均匀性较差。

综上,DCLR 和 SK-90 沥青归属为不同的物质,如果直接将 DCLR 加入 SK-90 沥青中,会打破沥青体系结构的平衡,造成 DCLR 改性沥青性能的不稳定。为了确保 DCLR 改性沥青性能的稳定性,必须通过剪切的方式给予实现,但剪切时的条件,如剪切温度、剪切时间、剪切速率等因素又会影响 DCLR 改性沥青的制备效果,如何对其进行合理优化并确定最优组合,需要通过合理的设计来确定并优化。

3.2　煤直接液化残渣改性沥青制备工艺的确定

3.2.1　正交试验法

正交试验设计(Orthogonal experimental design)是研究多因素多水平的一种设计方法,其根据正交性从全部试验中挑选出部分有代表性的点进行试验,这些有代表性的点具备了"均匀分散,齐整可比"的特点,极大地减少试验工作量,使试验安排得更加合理与科学,是一种高效率、快速、经济的试验设计方法,因此被广泛采用。

本节以剪切时间、剪切温度、剪切速率为三因素,设计三因素三水平正交试验,研究不同因素及水平对 DCLR 改性沥青性能的影响规律,从而合理确定 DCLR 改性沥青的制备工艺。表 3-4 为三因素及其三水平,正交试验方案见表 3-5。

三因素三水平表　　　　　　　　　　　　　　　　　　　表 3-4

水　　平	因　　素		
	剪切温度 $A(℃)$	剪切时间 $B(min)$	剪切速率 $C(r/min)$
1	150	30	2000
2	160	45	4000
3	170	60	6000

正交试验方案　　　　　　　　　　　　　　　　　　表 3-5

编号	剪切温度 $A(℃)$	剪切时间 $B(min)$	剪切速率 $C(r/min)$	搭　配　组　合
1	150	30	2000	$A_1B_1C_1$
2	150	45	4000	$A_1B_2C_2$
3	150	60	6000	$A_1B_3C_3$
4	160	30	4000	$A_2B_1C_2$
5	160	45	6000	$A_2B_2C_3$
6	160	60	2000	$A_2B_3C_1$
7	170	30	6000	$A_3B_1C_3$
8	170	45	2000	$A_3B_2C_1$
9	170	60	4000	$A_3B_3C_2$

为了减少 DCLR 掺量对制备工艺的影响,DCLR 与 SK-90 沥青的质量分数固定为 10:100,将熔融状态下的 DCLR 以 10g/min 均匀加入 SK-90 沥青中制备

成预混物,将预混物按照表 3-5 的不同制备条件组合进行 DCLR 改性沥青的制备。

根据《公路工程沥青及沥青混合料试验规程》(JTG E20—2011)中的相关规定对 DCLR 改性沥青进行针入度、延度、软化点、135℃布氏黏度的测试及针入度指数 PI 的计算,分别计算上述 5 个指标的和值与极差,见表 3-6 和图 3-3。

正交试验结果分析

表 3-6

检 测 项 目		剪切温度 A(℃)	剪切时间 B(min)	剪切速率 C(r/min)
25℃ 针入度	$\overline{K}_1$	46.133	47.400	40.733
	$\overline{K}_2$	38.167	38.267	43.233
	$\overline{K}_3$	35.600	34.233	35.933
	R	10.533	13.167	7.300
	因素排序		$B > A > C$	
	最佳组合		$A_2 B_2 C_3$	
10℃延度	$\overline{K}_1$	7.233	8.500	7.333
	$\overline{K}_2$	6.600	6.067	5.833
	$\overline{K}_3$	5.133	4.400	5.800
	R	2.100	4.100	1.533
	因素排序		$B > A > C$	
	最佳组合		$A_1 B_1 C_1$	
软化点	$\overline{K}_1$	51.633	50.833	51.900
	$\overline{K}_2$	53.633	54.067	54.533
	$\overline{K}_3$	55.133	55.500	53.967
	R	3.500	4.667	2.633
	因素排序		$B > A > C$	
	最佳组合		$A_2 B_2 C_2$	
135℃ 布氏黏度	$\overline{K}_1$	478.700	451.500	745.333
	$\overline{K}_2$	768.500	1069.867	683.700
	$\overline{K}_3$	983.000	708.833	801.167
	R	504.300	618.367	117.467
	因素排序		$B > A > C$	
	最佳组合		$A_1 B_2 C_2$	

续上表

检测项目		剪切温度 A（℃）	剪切时间 B（min）	剪切速率 C（r/min）
PI	$\overline{K}_1$	-0.508	-0.535	-0.634
	$\overline{K}_2$	-0.273	-0.814	-0.258
	$\overline{K}_3$	-0.426	0.143	-0.315
	R	0.235	0.957	0.376
	因素排序		$B > C > A$	
	最佳组合		$A_2 B_1 C_2$	

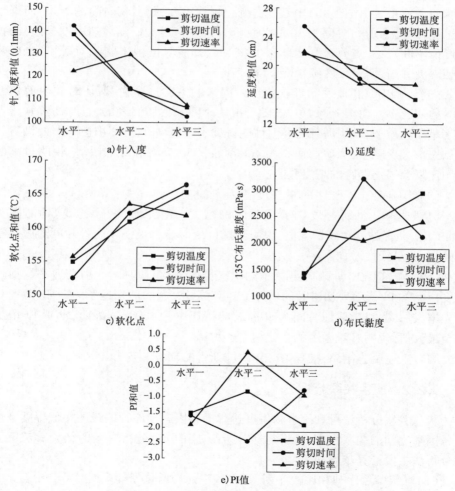

图 3-3　5 个指标的和值随因素和水平的变化

由表 3-6 和图 3-3 可知:

(1)影响 DCLR 改性沥青针入度指标因素的主次排序为:剪切时间 > 剪切温度 > 剪切速率。根据图 3-3a)中针入度的变化规律可知,随着剪切时间的增加,沥青针入度呈减小趋势,当剪切时间为 60min 时,沥青针入度下降至最低,高温稳定性能最优。剪切温度是较次要因素,随着剪切温度的升高,沥青针入度仍呈减小趋势,但在不同剪切温度区间内,沥青针入度下降趋势有所不同。当剪切温度高于 160℃时,沥青针入度减小的幅度降低。

(2)影响 DCLR 改性沥青延度各因素的主次排序为:剪切时间 > 剪切温度 > 剪切速率。由图 3-3b)中延度的变化规律可知,随剪切时间的延长,沥青延度迅速减小,当剪切时间为 30min 时,沥青延度值最大。随剪切温度升高,沥青延度值不断减小,当剪切温度低于 160℃时,沥青延度值下降相对缓慢,之后随剪切温度升高,沥青延度值急剧下降。

(3)影响 DCLR 改性沥青软化点各因素的主次排序为:剪切时间 > 剪切温度 > 剪切速率。由图 3-3c)可知,随着剪切时间和剪切温度的增加,沥青软化点几乎呈线性增加,表明沥青的高温性能得到不断提高。随剪切速率增加,沥青软化点先增大后减小,当剪切速率为 4000r/min 时,沥青软化点最大,说明过高的剪切速率会损伤沥青的高温性能。

(4)影响 DCLR 改性沥青黏度各因素的主次排序为:剪切时间 > 剪切温度 > 剪切速率。沥青黏度随剪切时间的增大,先增加后减小,当剪切时间为 45min 时,沥青黏度达到最大值,说明其抵抗变形能力最强。沥青黏度随剪切温度的提高,呈线性增加。

(5)影响 DCLR 沥青 PI 各因素的主次排序为:剪切时间 > 剪切速率 > 剪切温度。沥青 PI 值随剪切时间的增加,先降低后增大,随剪切速率的增加,沥青 PI 值先增大后减小,当剪切时间为 60min、剪切速率为 4000r/min 时,沥青 PI 值增大至最大值,说明其对温度的变化相对不敏感。

综合上述试验结果,推荐 DLCR 改性沥青的制备工艺为 $A_2B_2C_2$。

3.2.2　灰色关联分析法

灰色关联分析法可利用事物发展过程中各因素间序列曲线的相似程度来分析各因素之间的关联程度,可将定性分析与定量分析进行有效的结合。灰色关联分析法主要计算步骤如下:

(1)确定参考序列和比较序列,并将各序列均值化处理。

确定参考序列:

$$X_0 = \{X_0(k) \mid k = 1,2,\cdots,n\} \tag{3-1}$$

确定比较序列：

$$X_i = \{X_i(k) \mid k = 1,2,\cdots,n\} \quad (i = 1,2,\cdots,n) \tag{3-2}$$

将上述的参考序列和比较序列进行均值化处理。

参考序列：

$$X_0' = \{X_0(k)/\overline{X_0} \mid k = 1,2,\cdots,n\} \tag{3-3}$$

比较序列：

$$X_i' = \{X_i(k)/\overline{X_i} \mid k = 1,2,\cdots,n\} \quad (i = 1,2,\cdots,n) \tag{3-4}$$

(2)求差序列。

记

$$\Delta_i(k) = |X_0'(k) - X_i'(k)| \tag{3-5}$$

(3)求两极最大差和最小差。

记

$$M = \max_i \max_k \Delta_i(k), m = \min_i \min_k \Delta_i(k) \tag{3-6}$$

(4)求关联系数。

$$\xi_i(k) = \frac{m + \rho M}{\Delta_i(k) + \rho M}, \rho \in (0,1), k = 1,2,\cdots,n, i = 1,2\cdots,n \tag{3-7}$$

(5)计算灰关联度。

$$\xi_i = \frac{1}{n}\sum_{k=1}^{n}\xi_i(k), i = 1,2,\cdots,n \tag{3-8}$$

(6)按照灰关联度大小排序。ξ_i 越大，说明 X_i 序列与 X_0 序列的相关程度越好。

(7)计算综合评分 Y。

$$Y_i = \sum_{i=1}^{5} b_{ij} \times (各指标试验结果) \quad (i = 1,2,3\cdots,9)$$

$$b_{ij} = \frac{各指标所占比例}{各指标最大值与最小值之差} \quad (j = 1,2,3\cdots,9) \tag{3-9}$$

综合评分 Y 值越大，说明其对应的 DCLR 改性沥青综合性能越优异。

按照上述计算流程，可计算出上述性能指标在 DCLR 改性沥青制备工艺中的比例，并对其性能打分，见表3-7。

灰 关 联 分 析　　　　　　　　　表3-7

系数	关联度					综合评分值
	25℃针入度	10℃延度	软化点	135℃黏度	PI	
ξ_1	0.5295	0.6332	0.5497	0.5847	1.0000	185.18
ξ_2	0.5270	0.6082	0.5588	0.6107	0.3395	194.43

系数	关 联 度					综合评分值
	25℃针入度	10℃延度	软化点	135℃黏度	PI	
ξ_3	0.4887	0.8354	0.8853	1.0000	0.3679	167.87
ξ_4	0.9341	0.6894	0.6518	0.6075	0.4538	179.65
ξ_5	0.5976	1.0000	0.6060	0.4432	0.9318	185.22
ξ_6	0.7432	0.6037	1.0000	0.9356	0.6433	174.45
ξ_7	0.5180	0.7127	0.8357	0.7431	0.4046	184.96
ξ_8	1.0000	0.7687	0.9430	0.5222	0.5477	188.76
ξ_9	0.3395	0.3757	0.4446	0.5050	0.3545	181.03
关联度	0.6308	0.6919	0.7194	0.6613	0.5603	—
因素比例（%）	19.328	21.199	22.043	20.262	17.168	—

由表 3-7 可知:5 个指标对 DCLR 改性沥青性能的影响权重不一,主次顺序分别为:软化点 > 延度 >135℃黏度 > 针入度 >PI。根据综合分数,当系数为 ξ_2 时得分最高,说明该组合下 DCLR 改性沥青的各项性能最为优越。

因此,利用灰色关联分析方法确定的 DCLR 改性沥青的制备工艺为 $A_1B_2C_2$。

3.3 煤直接液化残渣改性沥青制备工艺的优化

由 3.2 节可知,利用正交试验方法和灰色关联分析法确定的 DCLR 改性沥青的制备工艺有所不同,本节分别采用上述两种方法确定的工艺制备 DCLR 改性沥青,并对 DCLR 改性沥青性能进行对比,通过性能对比进一步合理优化 DCLR 改性沥青的最佳制备工艺,对比分析结果见表 3-8。

不同制备工艺 DCLR 改性沥青的性能对比 表 3-8

组合方式	25℃针入度（0.1mm）	10℃延度（cm）	软化点（℃）	135℃黏度（mPa·s）	PI	备 注
工艺一（$A_2B_2C_2$）	49.6	9.1	50.1	527.4	−0.536	正交试验
工艺二（$A_1B_2C_2$）	51.8	9.7	52.1	531.6	−0.286	灰色关联分析

从表 3-8 可知,利用工艺二制备的 DCLR 改性沥青高温性能(针入度、软化点、黏度)、低温性能(延度)以及感温性能(PI)均优于工艺一,说明利用工艺二

可以制备出性能更为优异的 DCLR 改性沥青,从而确定出 DCLR 改性沥青的最佳制备工艺为工艺二$(A_1B_2C_2)$,即剪切温度为150℃,剪切时间为45min,剪切速率为4000r/min。本书后续均采用上述确定的工艺进行 DCLR 改性沥青的制备。

3.4　本章小结

本章主要介绍了 DCLR 改性沥青最佳制备工艺的确定,得到以下主要结论:

(1)通过对比 DCLR 和 SK-90 沥青的组分、元素、红外光谱、分子量分布等,发现 DCLR 和 SK-90 沥青归属为不同的物质,为了确保 DCLR 能均匀分布在沥青中并保持性能的稳定,需合理制定 DCLR 改性沥青的制备工艺。

(2)设计了以剪切温度、剪切时间、剪切速率为三因素三水平的正交试验,结合灰色关联分析法研究了三因素及其水平对 DCLR 改性沥青性能的影响规律,合理优化并制定了 DCLR 改性沥青的制备工艺,即 DCLR 改性沥青的制备工艺:剪切温度为150℃,剪切时间为45min,剪切速率为4000r/min。

本章参考文献

[1] Standard Test Method for Determining the Rheological Properties of Asphalt Binder Using a Dynamic Shear Rheometer (DSR):AASHTO T315[S]. West Conshohocken, PA, USA:AASHTO, 2008.

[2] Standard Test Method for Determining the Flexural Creep Stiffness of Asphalt Binder Using the Bending Beam Rheometer (BBR):AASHTO T313[S]. West Conshohocken, PA, USA:AASHTO,2008.

[3] 中华人民共和国交通运输部.公路工程沥青及沥青混合料试验规程:JTG E20—2011[S].北京:人民交通出版社,2011.

[4] 中华人民共和国交通部.公路沥青路面施工技术规范:JTG F40—2004[S].北京:人民交通出版社,2004.

[5] 季节,等.DCLR 与 TLA 共混改性沥青的性能对比[J].燃料化学学报,2015,43(09):1061-1067.

[6] 季节,等.煤直接液化残渣共混改性沥青的性能和微观结构[J].北京工业大学学报,2015,25(07):1049-1053.

[7] 何立平,等.橡胶沥青结合料性能正交试验[J].长安大学学报(自然科学版),2014,34(01):7-12.

[8] 葛泽峰.道路沥青改性工艺及改性机理研究[D].太原:太原科技大

学,2016.

[9] 王玄静. 正交试验设计的应用及分析[J]. 兰州文理学院学报(自然科学版),2016,30(01):17-22.

[10] 朱红兵,等. SPSS 17.0 中的正交试验设计与数据分析[J]. 首都体育学院学报,2013,25(03):283-288.

[11] 刘瑞江,等. 正交试验设计和分析方法研究[J]. 实验技术与管理,2010,27(09):52-55.

[12] 王艳,等. 正交试验设计与优化的理论基础与应用进展[J]. 分析试验室,2008,27(S2):333-334.

[13] 徐仲安,等. 正交试验设计法简介[J]. 科技情报开发与经济,2002,12(05):148-150.

[14] 张莎. 灰色关联分析新算法研究及其意义[D]. 长春:东北师范大学,2012.

[15] 于桂莲. 灰色关联分析法在氧化沥青工艺中的应用[J]. 石油沥青,2017,31(02):59-62.

[16] 程培峰,等. 基于正交灰关联分析法的温拌橡胶沥青性能影响因素研究[J]. 中外公路,2014,34(04):318-323.

[17] 王永刚,等. 灰色关联分析法在沥青调和中的应用[J]. 辽宁化工,2003,32(05):223-225.

[18] 刘慧敏,等. 灰色关联分析法在沥青动态剪切试验中的应用[J]. 石油炼制与化工,2001,32(02):57-59.

[19] 郝培文,等. 运用灰关联分析法评价沥青低温抗裂性能指标[J]. 石油沥青,1997,11(03):14-17,21.

第4章 煤直接液化残渣与石油沥青相容性评价

石油沥青和 DCLR 均是成分复杂的混合物,但属性又有所不同,当 DCLR 作为改性剂加入石油沥青中制备改性沥青时,为了确保 DCLR 能与石油沥青形成稳定的相容体系,除了需要制定合理的制备工艺外,DCLR 与石油沥青之间的相容性、DCLR 掺量等也是影响其后续体系稳定的因素。目前国内外对于 DCLR 与石油沥青的相容性以及 DCLR 最佳掺量等方面的研究基本上处于空白阶段。

本章借鉴聚合物之间相容性的研究方法,从物理特性、热力学特性、流变特性等角度研究 DCLR 与石油沥青的相容性,分别采用溶解度参数法、玻璃化转变温度法、Cole-Cole 图等相关测试分析手段,评价与预测不同类型石油沥青与 DCLR 的相容性,表征 DCLR 与石油沥青的相容行为,推荐合理、简单的相容性评价方法。同时,研究 DCLR 掺量对其与石油沥青相容性的影响规律,推荐合理的 DCLR 掺量范围。

4.1 煤直接液化残渣与石油沥青相容性评价方法

DCLR 与石油沥青的相容性(compatibility)是指两者之间相互的溶解性,形成宏观均相体系的能力。当 DCLR 加入石油沥青后,可能会出现以下 3 种情况:

(1)DCLR 与石油沥青两者组分之间完全相互分离,互不溶解,形成不稳定的完全非均相体系,此时为不相容。

(2)DCLR 与石油沥青两者组分之间完全溶解,形成稳定的均相体系,此时为完全相容。

(3)石油沥青与 DCLR 两者组分之间在一定范围内相互溶解,沥青或 DCLR 分别形成连续相,形成较为稳定的均相体系,此时为部分相容。

由于 DCLR 与石油沥青在密度、组分、分子量、溶解度参数、红外光谱等方面存在一定的差异,但又有一定的相似之处,所以两者之间不可能形成完全相容或不相容的体系,大多数情况下,DCLR 与石油沥青两者之间形成部分相容体系,但这种部分相容体系是否对石油沥青具有选择性以及如何评价 DCLR 与石油沥青的部分相容状态,目前国内外对此方面的研究基本上处于空白。因此,本书借鉴聚合物之间相容性的研究方法,来研究 DCLR 与石油沥青的相容性,具体的评价方法大体上分为以下 6 种。

(1)玻璃化转变温度法:玻璃化转变过程是 DCLR 与石油沥青共混物由玻璃态向橡胶态转变的过程,共混过程对 DCLR 和石油沥青的 T_g(玻璃化转化温度)值具有很大的影响。一般来说,相容体系往往只具有单一的 T_g 值,介于其两组分之间。而不相容体系往往表现两个 T_g 值,且与原组分的 T_g 值接近,部分相容体系则表现两个相互接近的 T_g 值。常见的试验方法有差示扫描量热仪(DSC)、动态力学热分析(DMA)和介电松弛谱(DRS)等方法。

(2)Cole-Cole 图法:利用采集到的 DCLR 与石油沥青共混物在动态剪切频率扫描试验中的 η'' 值($\eta'' = G'/\omega$)对 η' 值($\eta' = G''/\omega$)作图,根据图中关系曲线的变化来判断 DCLR 与石油沥青两者之间的相容性。一般情况下,对于分子量呈单峰分布的 DCLR 与石油沥青共混物,其复数黏度的实部 η'、虚部 η'' 的关系曲线为一半圆弧,表明具有良好的相容性;而对于不相容共混体系,其 η''-η' 关系曲线会形成偏离半圆弧的特点,标记为相分离现象。

(3)溶解度参数法:溶解度参数(Solubility Parameter,SP)是衡量 DCLR 与石油沥青两者之间相容性的一项物理常数,如果 DCLR 与石油沥青之间的溶解度参数相近,则相容性好。

(4)红外光谱法:通过吸收峰反映出 DCLR 与石油沥青共混物各官能团的信息,并根据官能团吸收峰的变化情况,推断出 DCLR 与石油沥青共混后的物理化学变化。如果 DCLR 与石油沥青之间相容性好,则 DCLR 与石油沥青分子间的相互作用越强,共混物的官能团吸收峰与石油沥青官能团吸收峰的偏离越小。

(5)离析法:对 DCLR 与石油沥青做离析试验,利用离析试验中上、下软化点的差值来判别 DCLR 与石油沥青的热储存稳定性,进一步推测其相容性差异。

(6)显微镜法:主要是指利用 AFM(原子力显微镜)、SEM(扫描电子显微镜)和 TEM(透射电子显微镜)等显微技术测试 DCLR 与石油沥青的形态结构,AFM 和 SEM 主要观察 DCLR 与石油沥青之间断面和表面的形态结构,TEM 一般采用染色技术以增加相反差,非常适合于观察相区形状和相界面。

本书采用上述 6 种方法对 DCLR 与石油沥青的相容性进行研究与评价,推荐最适宜、最合理的评价 DCLR 与石油沥青的相容性方法,进而确定与 DCLR 相容性好的石油沥青类型和 DCLR 掺量。

4.2 煤直接液化残渣与石油沥青共混物的制备

为了较全面评价不同类型石油沥青与 DCLR 的相容性,考虑到石油沥青的来源、针入度等级、组分等因素,选用了 5 种不同类型石油沥青作为研究的原材料,评价与预测不同类型石油沥青与 DCLR 的相容性。这 5 种不同类型的石油沥青分别是壳牌公司和 SK 公司生产的 90 号沥青(Shell-90 和 SK-90),中国石油天然气集团公司和山东省东明公司生产的 70 号沥青(ZSY-70 和 DM-70)以及中国新疆克拉玛依公司生产的 50 号沥青(KLMY-50)。

4.2.1 基本性能

根据《公路工程沥青及沥青混合料试验规程》(JTG E20—2011)中的有关规定对 5 种石油沥青进行了性能测试,结果见表 4-1。

5 种石油沥青的基本性能　　　　　　　　　　　表 4-1

指　　标	Shell-90	SK-90	DM-70	ZSY-70	KLMY-50
25℃针入度(0.1mm)	81.5	82.4	58.8	61.5	50.6
软化点(℃)	45.1	45.9	47.3	48.5	48.3
10℃延度(cm)	82	≥100	93	92	22
135℃布氏黏度(mPa·s)	547.4	422.1	558.8	540.1	475.2
RTFOT 后残留物					
质量变化(%)	0.1	0.2	0.1	0.1	0.2
25℃残留针入度比(%)	64	61	66	61	62
10℃残留延度(cm)	12	12	9	8	2

由表 4-1 可知,5 种石油沥青满足《公路沥青路面施工技术规范》(JTG F40—2004)中的相关技术指标要求。

4.2.2 组分

根据《公路工程沥青及沥青混合料试验规程》(JTG E20—2011)中的相关规定对 DCLR 和 5 种石油沥青进行四组分测试与分析,结果见表 4-2。

5 种石油沥青和 DCLR 的组分　　　　　　　　　表 4-2

种类	饱和分(%)	芳香分(%)	胶质(%)	沥青质(%)	I_c
DCLR	0.1	0.6	20.1	79.2	3.83
SK-90	10.3	49.3	30.0	10.4	0.26

续上表

种类	饱和分(%)	芳香分(%)	胶质(%)	沥青质(%)	I_c
Shell-90	10.2	48.1	31.5	10.2	0.26
DM-70	14.8	40.2	33.4	11.6	0.36
ZSY-70	14.5	38.2	35.5	11.8	0.36
KLMY-50	11.9	37.1	35.8	15.2	0.37

由表4-2可知:

(1)石油沥青的四组分应该在一个均匀稳定的比例区间。芳香分和胶质的含量较高,一般均超过30%,其中芳香分范围应在30%~50%之间,胶质范围应在20%~40%之间。由此可见,5种石油沥青四组分均在稳定的比例,属于稳定体系。相对而言,5种石油沥青的沥青质含量有一定的差异,其中KLMY-50沥青的沥青质含量最高,Shell-90沥青的沥青质含量最低。

(2)国内外专家学者通常用I_c值分析石油沥青的胶体结构类型以及性能是否稳定,普遍认为I_c值范围在0.25~0.40区间内的石油沥青性能最为稳定,由此可见,5种石油沥青I_c值均在理想范围内,性能稳定。

(3)DCLR的饱和分与芳香分所占比例非常低,两者共占DCLR的0.7%,因此DCLR的黏度较大。由于DCLR中的胶质比例过低、沥青质占比过高(分别为20.1%和79.2%),因此,DCLR的低温性能较差,但高温性能优越。

4.2.3 元素

采用意大利公司生产的4010型元素分析仪对5种石油沥青和DCLR的元素组成进行了测试与分析,结果见表4-3。

5种石油沥青和DCLR的元素   表4-3

种类	C(%)	H(%)	S(%)	N(%)	C/H
DCLR	75.90	4.31	2.47	0.35	17.61
SK-90	85.72	13.38	0.19	0.71	6.41
Shell-90	83.38	15.17	0.88	0.57	5.50
DM-70	86.83	12.01	0.44	0.72	7.23
ZSY-70	85.22	10.43	3.81	0.54	8.17
KLMY-50	84.86	9.81	4.90	0.43	8.65

由表4-3可知:DCLR和5种石油沥青中C和H的质量分数占比非常大,其中DCLR的C/H值远大于5种石油沥青,其中DCLR的C/H值为17.61,接近

石油沥青的 2 倍,说明 C/H 值中芳环和烯烃类结构所占比例大于石油沥青,其分子结构的复杂程度远大于石油沥青。在 5 种石油沥青中,KLMY-50 沥青的 C/H 值最大,Shell-90 沥青的 C/H 值最小。

4.2.4 红外光谱

对 5 种石油沥青和 DCLR 红外光谱进行测试,试验仪器选用 Bruker 公司生产的红外光谱仪,结果如图 4-1 所示。

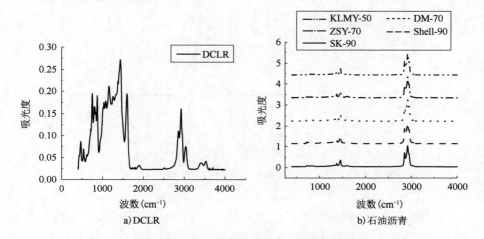

a) DCLR   b) 石油沥青

图 4-1　5 种石油沥青和 DCLR 的红外光谱图

由图 4-1 可知:

(1)DCLR 在 900~1280cm^{-1} 区域内吸收峰明显,说明 DCLR 受官能团间相互作用的振动影响明显。在 1450cm^{-1} 和 2926cm^{-1} 附近,有明显吸收峰存在,可见 DCLR 主要官能团以烷烃的形式存在。DCLR 在 600~1000cm^{-1} 范围内、3355cm^{-1} 也出现了吸收峰,可以推测出 DCLR 中含有一定的烯烃类物质。

(2)5 种石油沥青与 DCLR 在特征频率区(1250~3990cm^{-1})所产生的吸收峰相似,位置也相同。吸收峰重点发生在 2885cm^{-1} 和 2795cm^{-1} 处,但 5 种石油沥青吸收峰的吸收强度均远大于 DCLR,且形成劈裂双峰,说明 5 种石油沥青中烷烃的比例要高于 DCLR。

(3)DCLR 和 5 种石油沥青在 350~1390cm^{-1} 附近的吸收峰差异较大,DCLR 特征峰在该区域形成的吸收峰的范围大,其吸收峰主要在 1150~1250 cm^{-1} 和 590~910cm^{-1} 处,这说明 DCLR 属于不饱和烃类。而 5 种石油沥青在 350~1390cm^{-1} 处形成的吸收峰的数量少,形成范围小,发生在 660~990cm^{-1} 范围内,说明 5 种石油沥青为不饱和烃,其烯烃含量低于 DCLR。

4.2.5　分子量分布

对 5 种石油沥青和 DCLR 的分子量分布进行测试,试验仪器选用 Agilent 公司生产的凝胶色谱仪,结果如图 4-2 所示。

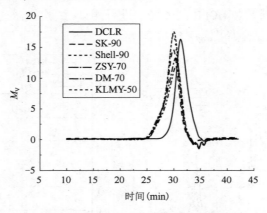

图 4-2　DCLR 和 5 种石油沥青的 GPC

由图 4-2 可知:

(1)5 种石油沥青的重均分子量在 1800 ~ 2100 的范围内,其多分散性在 2.1 ~ 2.7 之间,远高于 DCLR 的多分散性,说明 5 种石油沥青比 DCLR 的分子量大,且均匀性较差,分子大小的分布范围较广。

(2)从分子量上看,DCLR 和 5 种石油沥青属于不同的物质,且分子量差距较大,因此需要通过外部剪切使 DCLR 与 5 种石油沥青混合均匀。

4.2.6　DCLR 与石油沥青共混物的制备

基于第 3 章确定的制备工艺,分别制备 DCLR(与石油沥青质量比为 8%)与上述 5 种石油沥青的共混物。具体步骤如下:在制备过程中将 DCLR 以熔融方式按 8% 质量比加入石油沥青,并在 150℃ 剪切温度下,剪切 45min,剪切速率为 4000r/min。

4.3　玻璃化转变温度法(T_g 法)

本节通过分别测试 DCLR、5 种石油沥青以及 DCLR 与 5 种石油沥青共混物的 T_g 值来判断 DCLR 与石油沥青之间的相容性。

4.3.1 试验原理与方法

差示扫描量热法(Differential Scanning Calorimetry,DSC)是在控制温度条件情况下,测试试样和参照物之间的能量差(功率差)和环境温度关系的一种热分析技术,其工作原理是测试使试样和参照物保持相同温度时注入样品所需要的能量,记录其与温度关系的热分析方法。根据 DSC 曲线的变化趋势可以反映出材料的相态转变温度和熔变的大小,玻璃化转变温度(T_g)是材料由玻璃态转变为高弹态所对应的温度。玻璃化转变时由于其热熔增加,因此可以通过熔的变化在 DSC 曲线图上面确定出材料的 T_g 值。本书利用 DSC 来确定 DCLR 与石油沥青共混物的 T_g 值。

如果体系中两种或两种以上的物质完全相容,该体系的 DSC 曲线只有一个 T_g 值[图4-3a)];当体系中两种或两种以上的物质不相容时,其各自基体材料的 T_g 值将保持在各自的相区,并且在 DSC 曲线上会出现两种或两种以上的 T_g 值[图4-3b)]。

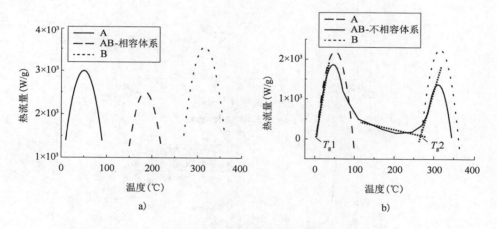

a) b)

图4-3 不同相容性体系的 DSC 曲线

4.3.2 试验结果分析

试验采用美国 TA 公司生产的 DSC,升温速率为 10℃/min,测试温度为 −50~200℃,保护气为 N_2。DCLR、5 种石油沥青及其与 DCLR 共混物的 DSC 曲线和 T_g 值,如图 4-4 所示。

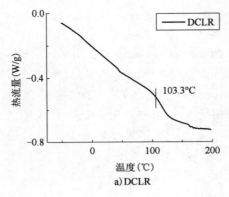

a) DCLR

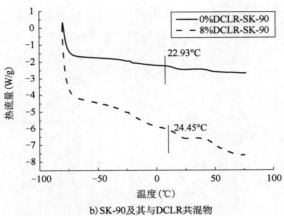

b) SK-90及其与DCLR共混物

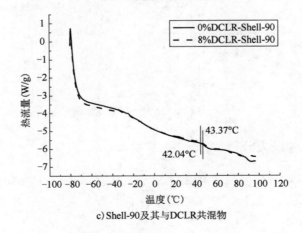

c) Shell-90及其与DCLR共混物

图 4-4

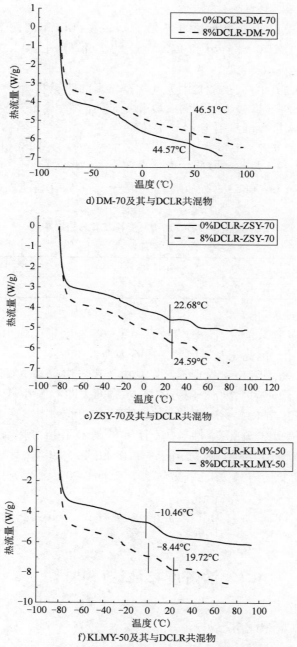

d) DM-70及其与DCLR共混物

e) ZSY-70及其与DCLR共混物

f) KLMY-50及其与DCLR共混物

图4-4　DCLR、5 种石油沥青及其与 DCLR 共混物的 DSC 曲线

由图 4-4 可知:

(1)DCLR 和 5 种石油沥青的 T_g 值差别较大,DCLR 的 T_g 值为 103℃,而 Shell-90、SK-90、DM-70、ZSY-70 和 KLMY-50 的 T_g 值分别为 42.04℃、44.57℃、22.93℃、22.68℃和 10.46℃。

(2)DCLR 的 T_g 值高,可能是因为其含有较高的四氢呋喃不溶物,四氢呋喃不溶物的存在可能含有较为僵硬的链段和复杂的侧基,导致链段运动的内摩擦阻力大,分子之间产生的吸引力较大,T_g 值高。

(3)5 种石油沥青之间的 T_g 值也有一定的差别,这可能和组分之间有很大的关联性,I_c 值越低,相应的胶体结构越合理,T_g 值就越高。

表 4-4 为 DCLR 和 5 种石油沥青共混物与其对应基质石油沥青之间的 T_g 差值。

DCLR 和 5 种石油沥青共混物及其与相应基质
石油沥青的 T_g 差值

表 4-4

指　标	SK-90	Shell-90	DM-70	ZSY-70	KLMY-50
T_g 差值(℃)	1.52	1.33	1.94	1.91	2.02

从表 4-4 可以看出:

(1)DCLR 的加入使得石油沥青体系中主链运动困难,因此 DCLR 与石油沥青共混物的 T_g 值均略高于其对应的基质石油沥青。

(2)一般来说,DCLR 和石油沥青共混物及其与相应基质石油沥青的 T_g 差值较高,说明分子间链的相互作用力较强,主链的柔性不平滑,配伍性不好,即相容性较差。DCLR 与 KLMY-50 的 T_g 差值最大,且共混物中出现了 2 个 T_g 值,说明 KLMY-50 与 DCLR 的相容性较差,有可能属于不相容体系。而 DCLR 与 Shell-90 及 SK-90 的 T_g 差值相对较小,说明 DCLR 在 Shell-90 及 SK-90 体系中最为稳定,没有改变沥青体系的平衡状态,与 Shell-90 及 SK-90 的相容性相对较好。

综上,5 种石油沥青与 DCLR 的相容性排序为 Shell-90 ≈ SK-90 > DM-70 ≈ ZSY-70 > KLMY-50。

4.4 溶解度参数法(SPD 法)

4.4.1 试验原理与方法

溶解度参数是衡量材料(液体材料如橡胶等聚合物)相容性的一项至关重

要的物理常数,通常情况下用来评价纯净物与纯净物之间的相容性。溶解度参数最先在 20 世纪 60 年代由 Scott 提出,它是一个内聚力参数,可以用来描述材料分子间的相互内聚作用。近年来,溶解度参数被引进到石油沥青与改性剂相容性的研究中,石油沥青与改性剂之间的溶解度参数差值越小,说明两者间的相容性越好。由于直接测量石油沥青的溶解度参数难度极大,目前普遍采用间接法测量石油沥青的溶解度参数。因此,本书采用黏度法测量石油沥青与 DCLR 的溶解度参数。

4.4.2　试验结果分析

采用 ASTMD1665 的 NEGRA 黏度计,用黏度法测定了 DCLR 和 5 种石油沥青的溶解度参数值。DCLR 和 5 种石油沥青的溶解度参数试验结果如图 4-5 所示,其中 DCLR 的溶解度参数为 11.42 $(J/mL^3)^{1/2}$。

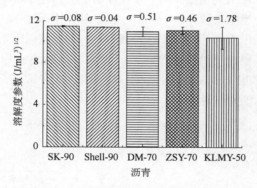

图 4-5　5 种石油沥青的溶解度参数

表 4-5 为 5 种石油沥青与 DCLR 的溶解度参数差值。

5 种石油沥青与 DCLR 的溶解度参数差值　　　　　表 4-5

指　　标	SK-90	Shell-90	DM-70	ZSY-70	KLMY-50
溶解度参数差值 $[(J/mL^3)^{1/2}]$	0.06	0.02	0.46	0.35	1.06

有学者提出溶解度参数差值在 -0.4 ~ 0.4 之间,改性剂与石油沥青的相容性越好。由表 4-5 可知,DCLR 与 Shell-90 及 SK-90 的溶解度参数差值相对较小,均在理想范围内,而 DCLR 与 KLMY-50 的溶解度参数差值相对较大,已远远高于理想范围值,是 DCLR 与 Shell-90 及 SK-90 溶解度参数差值的 17 ~ 50 倍,说明石油沥青类型不同,DCLR 与其的相容性也截然不同,即 Shell-90 及 SK-90 与 DCLR 的相容性相对较好,而 KLMY-50 与 DCLR 的相容性较差。

综上,5 种石油沥青与 DCLR 的相容性排序为 Shell-90 ≈ SK-90 > ZSY-70 ≈ DM-70 > KLMY-50。

4.5 Cole-Cole 图法

4.5.1 试验原理与方法

Cole-Cole 图是用来描述复介电常数(电阻率)的实部与虚部之间随频率变化的关系曲线图。近年来,Cole-Cole 图被引进到石油沥青与改性剂相容性的研究中。图 4-6 为不同体系下的 Cole-Cole 图,图中每个圆弧代表不同的松弛机理,在高频区域发生的松弛缘于试样的组成相松弛,而在低频区域的松弛现象主要由于样品中悬浮粒子的可变形性(黏性性质),在相容体系中的 Cole-Cole 图会呈现出 1 个圆滑的半圆弧[图 4-6 中 a],在不相容体系中的 Cole-Cole 图会出现弧对应于高频末端出现一个"拐点"后再形成一个小弧[图 4-6 中 b]。因此,本书采用动态剪切频率扫描试验测试石油沥青与 DCLR 的 η'' 值($\eta'' = G'/\omega$)和 η' 值($\eta' = G''/\omega$)并做出 Cole-Cole 图,利用 Cole-Cole 关系曲线是否偏离半圆弧,来表征 DCLR 与石油沥青的相容性。

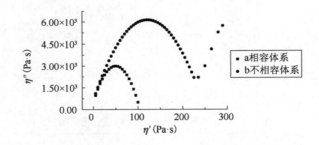

图 4-6 不同体系下的 Cole-Cole 图

4.5.2 试验结果分析

根据 AASHTO T315-09 试验方法,采用 AR1500 型流变仪,采用应变控制模式,施加连续正弦交变荷载。对 5 种石油沥青、5 种 DCLR 与石油沥青的共混物进行 DSR 试验并作出 Cole-Cole 图,如图 4-7 ~ 图 4-11 所示。

表 4-6 为 5 种石油沥青及其与 DCLR 共混物相分离临界温度的差值。

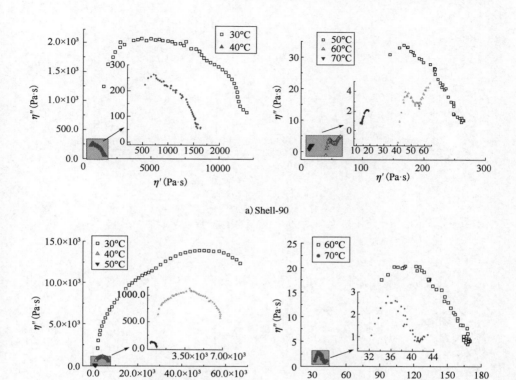

a) Shell-90

b) DCLR与Shell-90共混物

图 4-7　Shell-90 及其与 DCLR 共混物的 Cole-Cole 图

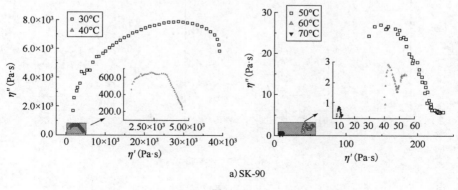

a) SK-90

图　4-8

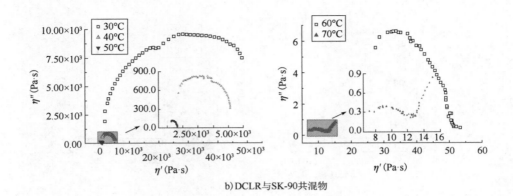

b) DCLR与SK-90共混物

图 4-8   SK-90 及其与 DCLR 共混物的 Cole-Cole 图

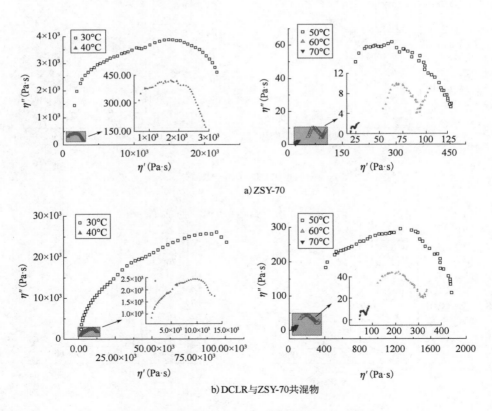

a) ZSY-70

b) DCLR与ZSY-70共混物

图 4-9   ZSY-70 及其与 DCLR 共混物的 Cole-Cole 图

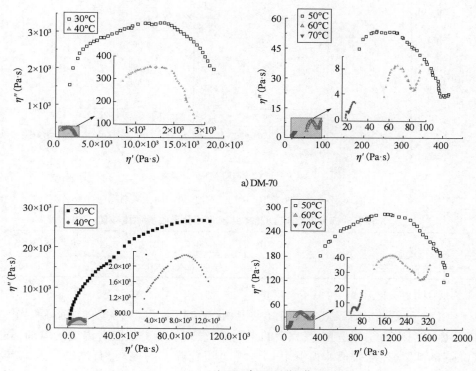

a) DM-70

b) DCLR与DM-70共混物

图 4-10　DM-70 及其与 DCLR 共混物的 Cole-Cole 图

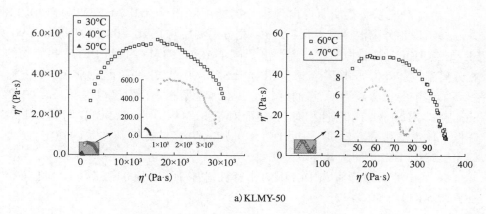

a) KLMY-50

图　4-11

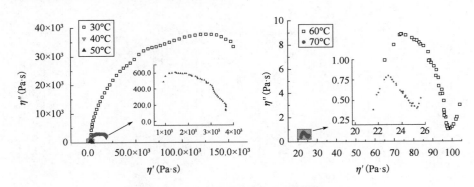

b)DCLR与KLMY-50共混物

图4-11 KLMY-50 及其与 DCLR 共混物的 Cole-Cole 图

5 种石油沥青及其与 DCLR 共混物相分离临界温度差值　　表4-6

指　　标	SK-90	Shell-90	DM-70	ZSY-70	KLMY-50
相分离临界温度差值(℃)	10	10	0	0	− 10

从图4-7~图4-11 和表4-6 可见:

(1)5 种石油沥青及其与 DCLR 共混物在 30℃、40℃ 和 50℃ 的试验温度下, Cole-Cole 图中曲线都是光滑、完美的半圆形,没有拐点。但随着温度的增加,其 Cole-Cole 图均逐渐脱离半圆弧状。这说明随着温度的提高,石油沥青及其与 DCLR 共混物由两相共存体系逐渐转化为两相分离体系,说明温度对石油沥青与 DCLR 共混物的相容性有一定的影响,温度越高,石油沥青与 DCLR 的相容性越差。

(2)与对应基质石油沥青出现相分离的温度相比,DM-70、ZSY-70 与 DCLR 共混物出现相分离温度基本保持一致,相分离温度均在 50~60℃ 之间;Shell-90、SK-90 与 DCLR 共混物的相分离温度提高了 10℃;KLMY-50 与 DCLR 共混物的相分离温度却降低了 10℃。这说明对于 Shell-90 和 SK-90 而言,DCLR 加入后提高了体系的相分离温度,从而延长了共混体系两相共存温度范围,即 SK-90 和 Shell-90 与 DCLR 的相容性相对较好;而对于 KLMY-50 而言,DCLR 与其共混后降低了体系的相分离温度,说明 DCLR 的加入更容易打破其体系的稳定性,即 KLMY-50 与 DCLR 的相容性较差。

综上,5 种石油沥青与 DCLR 的相容性排序为 Shell-90 ≈ SK-90 > DM-70 ≈ ZSY-70 > KLMY-50。

4.6 离 析 法

4.6.1　试验原理与方法

离析软化点法是目前评价聚合物改性沥青相容性的常用方法之一,若上、下两段的软化点差值大,则说明石油沥青与改性剂的离析程度大,相容性差。《公路沥青路面施工技术规范》(JTG F40—2004)规定 SBS 类改性沥青的 48h 离析软化点差应小于 2.5℃。美国 AASHTO-AGC-ARTBA 标准中规定,SBS 类改性沥青的 48h 离析软化点差值最大不得超过 4℃。

有学者提出改性沥青经过离析试验后,可对其上、下部改性沥青继续进行 DSR 试验,利用上、下部改性沥青的抗车辙因子($G^*/\sin\delta$)等参数的变化来进一步评价改性剂与石油沥青之间的相容性。因此,有学者提出采用离析率 $\left(R_s = \dfrac{G^*/\sin\delta_{下}}{G^*/\sin\delta_{上}} - 1\right)$ 评价石油沥青与改性剂之间的相容性,离析率的绝对值越小,说明石油沥青与改性剂相容性越好。因此,本书采用离析试验和 DSR 试验分别测试石油沥青与 DCLR 的软化点和抗车辙因子。

4.6.2　试验结果分析

根据《公路工程沥青及沥青混合料试验规程》(JTG E20—2011)中的相关规定分别对 5 种石油沥青与 DCLR 共混物进行离析试验和 DSR 试验,结果见表4-7。

DCLR 与石油沥青共混物软化点差和离析率　　　　表 4-7

指　　标	SK-90	Shell-90	DM-70	ZSY-70	KLMY-50
软化点差(℃)	0.34	0.32	0.46	0.44	0.57
R_s(%)	0.18	0.19	3.96	5.73	8.18

由表4-7可知:

(1)5 种石油沥青与 DCLR 共混物的离析软化点差在 0.3 ~ 0.7℃之间,均满足《公路沥青路面施工技术规范》(JTG F40—2004)中的相关规定,说明石油沥青与 DCLR 共混后相容性良好。其中 DCLR 与 KLMY-50 共混物的离析软化点差值最大,DCLR 与 Shell-90 及 SK-90 共混物的离析软化点差值最小,这间接说明石油沥青类型不同,其与 DCLR 之间的相容性也截然不同,即 Shell-90 及 SK-

90 与 DCLR 的相容性相对较好,而 KLMY-50 与 DCLR 的相容性较差。

(2)有学者提出 R_s 在 $-0.2 \sim 0.2$ 之间,改性剂与石油沥青的相容性满足相关技术要求。从 R_s 值的大小可知,DCLR 与 Shell-90 及 SK-90 共混物的 R_s 值均在理想范围内,而其与 DM-70、ZSY-70、KLMY-50 共混物的 R_s 值已超出理想范围,且 DCLR 与 KLMY-50 共混物的 R_s 值比较大,是 DCLR 与 Shell-90 及 SK-90 共混物 R_s 值的 45 倍,说明石油沥青类型不同,DCLR 与其的相容性也截然不同,即 Shell-90 及 SK-90 与 DCLR 的相容性相对较好,而 KLMY-50 与 DCLR 的相容性较差。

综上,5 种石油沥青与 DCLR 的相容性排序为 Shell-90 ≈ SK-90 > DM-70 ≈ ZSY-70 > KLMY-50。

4.7 红外光谱法

4.7.1 试验原理与方法

红外光谱法是指当一定频率(能量)的红外光照射分子时,如果分子中某个基团的振动频率和外界红外辐射频率一致,光的能量通过分子偶极矩的变化而传递给分子,这个基团就吸收一定频率的红外光,产生振动跃迁。将分子吸收红外光的情况记录下来可得到试样的红外吸收光谱图,利用光谱图中吸收峰的波长、强度和形状可以对试样的官能团进行归属,进而可以判断出物质的主要成分;定量计算峰的强度可以掌握官能团对应物质的含量。另外,采用红外光谱法可以分析物质特征峰的位置变化及特征峰强弱的变化,从而可以判断是否有化学反应的发生。

4.7.2 试验结果与分析

试验仪器选用 Bruker 公司生产的红外光谱仪,对 5 种石油沥青与 DCLR 的共混物进行测试,结果如图 4-12 所示,其中 DCLR 和 5 种石油沥青的官能团如图 4-1 所示。

由图 4-12 可知:

(1)DCLR 和 5 种石油沥青的特征峰在 $1200 \sim 4000 \mathrm{cm}^{-1}$ 范围内出现的波数基本吻合,说明 5 种石油沥青和 DCLR 中烷烃的比重较大。DCLR 和 5 种石油沥青在 $400 \sim 1400 \mathrm{cm}^{-1}$ 的吸收特征峰的波数差异较大,由此可知,DCLR 含有一定含量的烯烃和羧酸,而石油沥青中烯烃类含量少于 DCLR。

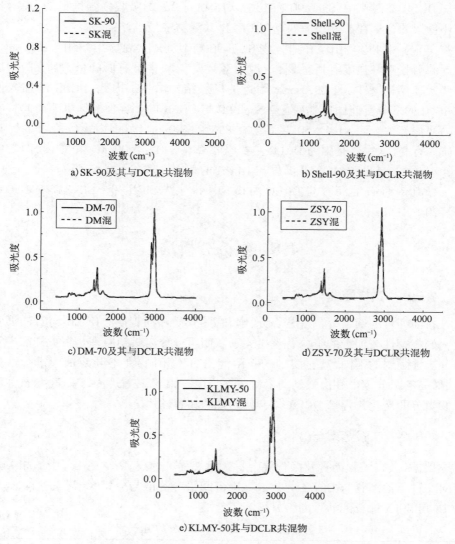

图4-12　5种石油沥青及其与DCLR共混物的官能团

（2）DCLR与5种石油沥青共混物的红外光谱图与其对应的基质石油沥青的图谱相比，吸收峰的位置没有出现明显的偏移和吸收峰的增减，说明共混物中没有新的官能团生成，因此共混体系中没有发生剧烈的化学反应。

（3）5种石油沥青的红外光谱图相比，Shell-90在1350～1650cm^{-1}处的吸收峰强度最大，说明其芳环骨架的含量在5种石油沥青中最大。而在5种石油沥青与 DCLR 共混物中,Shell-90 在 1350 ~ 1650cm^{-1} 处的吸收峰强度最弱,说明其芳环骨架的含量在 5 种石油沥青与 DCLR 共混物中最小。

(4)与 Shell-90 相比,不难发现 Shell-90 与 DCLR 共混物在 1350 ~ 1650cm^{-1} 附近的吸收双峰强度有所减弱,这说明芳环骨架的含量有所降低。DCLR 的加入使芳环结构减少,且 2923cm^{-1} 附近的烷烃结构增加。因此,DCLR 的加入使 Shell-90 的部分官能团发生变化。Shell-90 与 DCLR 的相容性最佳可能与此官能团的变化有关。而 KLMY-50 共混物在 890 ~ 1600cm^{-1} 范围内吸收峰强度比其基质沥青高,这主要是因为 DCLR 主要吸收峰在 890 ~ 1600cm^{-1} 范围内,两者属于物理共混,因此,KLMY-50 沥青与 DLCR 的相容性较差。

综上,5 种石油沥青与 DCLR 的相容性排序为 Shell-90 ≈ SK-90 > DM-70 ≈ ZSY-70 > KLMY-50。

4.8　组分分析法

4.8.1　试样原理与方法

石油沥青的四组分包含芳香分、饱和分、胶质和沥青质。DCLR 与石油沥青之间的相容性与沥青的组分有直接关系。四组分分离法的原理是根据样品中各组分极性强弱的不同,其对溶剂的吸附能力也不相同,在不同溶剂中进行洗提时,样品的组分依极性由强到弱依次分离出来。因此,本书利用 DCLR 与石油沥青四组分的变化来评价 DCLR 与石油沥青的相容性。

4.8.2　试验结果与分析

根据《公路工程沥青及沥青混合料试验规程》(JTG E20—2011)中的相关规定对 5 种石油沥青与 DCLR 的共混物进行四组分测试与分析,结果见表4-8,其中 DCLR 和 5 种石油沥青的组分见表4-2。

5 种石油沥青与 DCLR 共混物的组分　表4-8

种　　类	饱和分(%)	芳香分(%)	胶质(%)	沥青质(%)	I_c
DCLR 与 SK-90 共混物	9.6	47.6	29.9	12.9	0.29
DCLR 与 Shell-90 共混物	9.1	46.8	31.3	12.8	0.28
DCLR 与 DM-70 共混物	13.5	39.6	32.2	14.7	0.39
DCLR 与 ZSY-70 共混物	14.6	36.7	33.2	15.5	0.43
DCLR 与 KLMY-50 共混物	12.1	40.2	28.4	19.3	0.46

由表4-8可知：

（1）在5种石油沥青中，SK-90、Shell-90拥有较低沥青质含量和I_c值，KLMY-50的沥青质含量和I_c值最高。结合DCLR与5种石油沥青相容性评价结果可知，拥有较低的沥青质含量和I_c值的石油沥青与DCLR的相容性较好，即SK-90和Shell-90与DCLR的相容性较好，KLMY-50与DCLR的相容性最差。

（2）与5种石油沥青的I_c值相比，随着DCLR的加入，其共混物的I_c值均有所增加，这是由于DCLR含有大量沥青质。其中KLMY-50与DCLR共混物的I_c值高达0.46，已高于I_c合理的范围区间，而SK-90、Shell-90与DCLR共混物的I_c值仍属于较为合理的范围区间。

综上，5种石油沥青与DCLR的相容性排序为：Shell-90 ≈ SK-90 > DM-70 ≈ ZSY-70 > KLMY-50。

4.9 原子力显微镜法

4.9.1 试验原理与方法

原子力显微镜（Atomic Force Microscopy，AFM）是通过检测试样表面和一个微型力敏感元件之间极微弱的原子间相互作用力来研究试样的表面结构及性质。将一对微弱力极端敏感的微悬臂一端固定，另一端的微小针尖接近试样样品，这时它们相互作用，作用力将使得微悬臂发生形变或运动状态发生变化。扫描试样样品时，利用传感器检测这些变化，就可获得作用力分布信息，从而以纳米级分辨率获得表面形貌结构信息及表面粗糙度信息。

4.9.2 试验结果分析

采用美国公司生产的AFM对5种石油沥青及其与DCLR共混物试样进行观测。工作模式为接触模式，扫描面积为$10\mu m \times 10\mu m$。每个试样选取至少3个观测点进行观测以确保试验结果的准确。图4-13为5种石油沥青及其与DCLR共混物的AFM图。

由图4-13可知，5种石油沥青及其与DCLR共混物中均存在不同比例的"蜂状结构"，利用图像处理软件对AFM图中出现的"蜂状结构"面积进行分析，计算得到"蜂状结构"面积与AFM图总面积的比值，见表4-9。

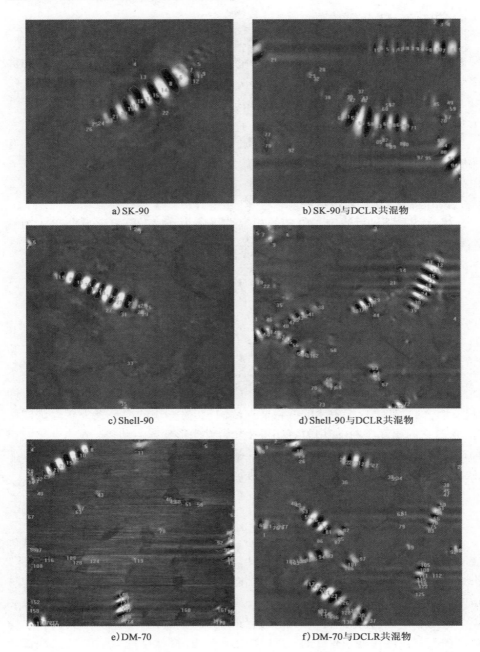

a) SK-90

b) SK-90与DCLR共混物

c) Shell-90

d) Shell-90与DCLR共混物

e) DM-70

f) DM-70与DCLR共混物

图　4-13

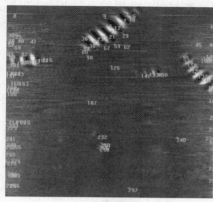

g) ZSY-70

h) ZSY-70与DCLR共混物

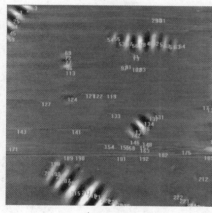

i) KLMY-50

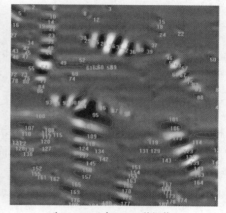

j) KLMY-50与DCLR共混物

图 4-13　5 种石油沥青及其与 DCLR 共混物 AFM 图

5 种石油沥青及其与 DCLR 共混物的"蜂状结构"面积比例　　　表 4-9

项目	SK-90/其与 DCLR 共混物	Shell-90/其与 DCLR 共混物	DM-70/其与 DCLR 共混物	ZSY-70/其与 DCLR 共混物	KLMY-50/其与 DCLR 共混物
比例	4.22/6.45	3.29/5.68	4.58/9.83	4.81/13.05	9.98/29.07
提高率（%）	52.8	72.6	114	171	191

由图 4-13 和表 4-9 可知：

（1）5 种石油沥青中，SK-90 和 Shell-90 拥有较低的"蜂状结构"比例，而 KLMY-50"蜂状结构"比例最高。结合石油沥青的组分可知，"蜂状结构"比例的高低主要是由沥青质含量的高低引起，沥青质含量越高的石油沥青，其"蜂状结构"比例越大。

（2）DCLR 加入石油沥青后,共混物的"蜂状结构"比例有所增加,仍然是
DCLR 与 SK-90 和 Shell-90 共混物拥有较低的"蜂状结构"比例,与 KLMY-50 共
混物拥有较高比例的"蜂状结构"。相对于道路石油沥青,DCLR 与 SK-90 和
Shell-90 共混物的"蜂状结构"比例提高了 50% ~ 80% ,而 DCLR 与 KLMY-50 共
混物的"蜂状结构"比例提高了近 2 倍。

综上,5 种石油沥青与 DCLR 的相容性排序为 Shell-90 ≈ SK-90 > DM-70 ≈
ZSY-70 > KLMY-50。

4.10　煤直接液化残渣掺量对其与石油沥青相容性的影响

4.10.1　相容性评价体系

通过上述 DCLR 与石油沥青相容性评价结果的对比可知,在所选用的相容
性评价方法中,离析法对于评价 DCLR 与石油沥青的相容性不够敏感,且受试验
员操作因素影响较大;玻璃化转变温度 T_g 法由于选取样品量(仅有 10mg)过小,
对于石油沥青来说离散性较大;溶解度参数 SPD 法主要用于评价纯物质共混后
的相容性,对于石油沥青这种复杂的共混物的测试结果过于模糊;红外光谱法和
显微镜法由于受操作仪器的限制,使用面较窄。因此,结合石油沥青本身的特性
(属于黏弹性材料),本书认为基于流变学方法的 Cole-Cole 图法更适用于评价
DCLR 与石油沥青的相容性。

4.10.2　DCLR 掺量对其与石油沥青相容性的影响

在影响 DCLR 与石油沥青相容性因素方面,除了 DCLR、石油沥青本身的
特性外,DCLR 掺量也是一个重要的影响因素。一般而言,DCLR 掺量越高,其
与石油沥青的相容性会越差。本书分析 DCLR 掺量对其与石油沥青相容性的
影响,发现 DCLR 掺量对其与石油沥青相容性的影响规律,进而提出 DCLR 合
理掺量范围。

通过离析法、玻璃化转变温度 T_g 法、溶解度参数 SPD 法、Cole-Cole 图法等
可知,DCLR 与石油沥青的相容性排序为 Shell-90 ≈ SK-90 > ZSY-70 ≈ DM-70 >
KLMY-50,发现相同针入度等级的石油沥青及其与 DCLR 之间的相容性基本一
致,故在不同针入度等级的石油沥青中选取一种进行 DCLR 掺量对其与石油沥
青相容性的影响研究,即选择了 Shell-90、ZSY-70 和 KLMY-50 这 3 种石油沥青。

　　将 DCLR 与 3 种石油沥青分别以不同掺量（DCLR 与基质沥青质量比 0%、4%、8%、12%、16%）制备共混物并进行 DSR 试验，通过 Cole-Cole 图来评判 DCLR 掺量对其与石油沥青的相容性影响规律。

　　图 4-14 ~ 图 4-16 为 3 种石油沥青在不同 DCLR 掺量下的 Cole-Cole 图。

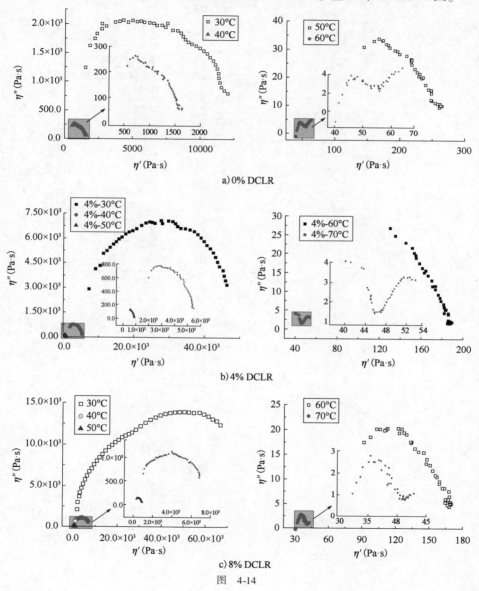

图　4-14

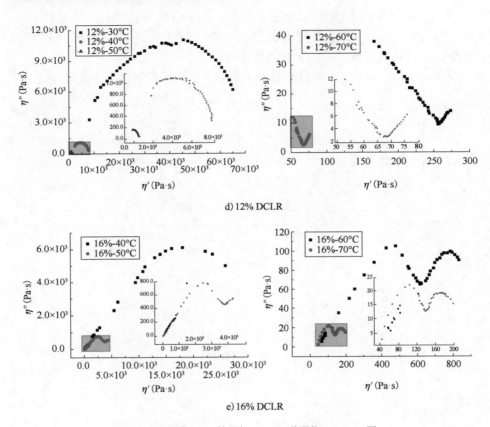

d) 12% DCLR

e) 16% DCLR

图 4-14　不同 DCLR 掺量与 Shell-90 共混物 Cole-Cole 图

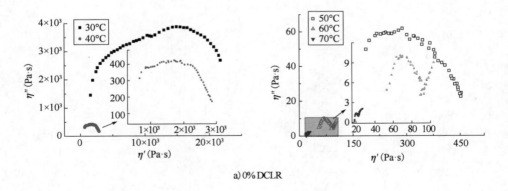

a) 0% DCLR

图　4-15

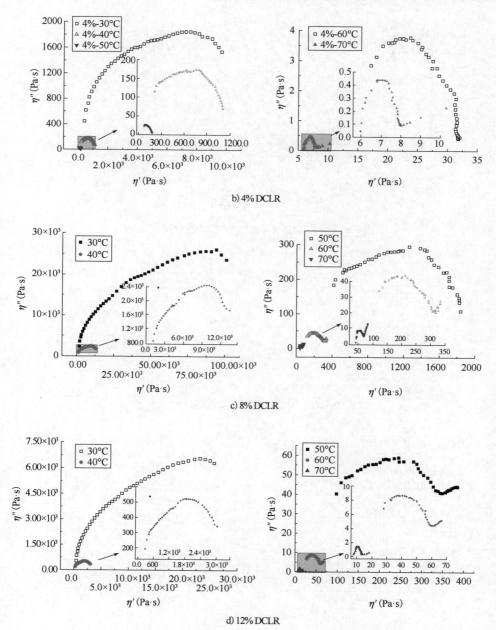

b) 4% DCLR

c) 8% DCLR

d) 12% DCLR

图 4-15

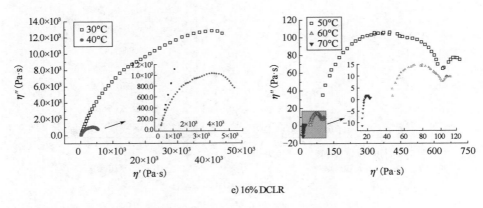

e) 16% DCLR

图 4-15　不同 DCLR 掺量与 ZSY-70 共混物 Cole-Cole 图

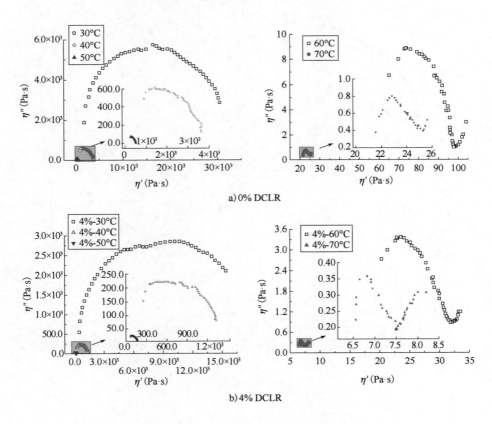

a) 0% DCLR

b) 4% DCLR

图　4-16

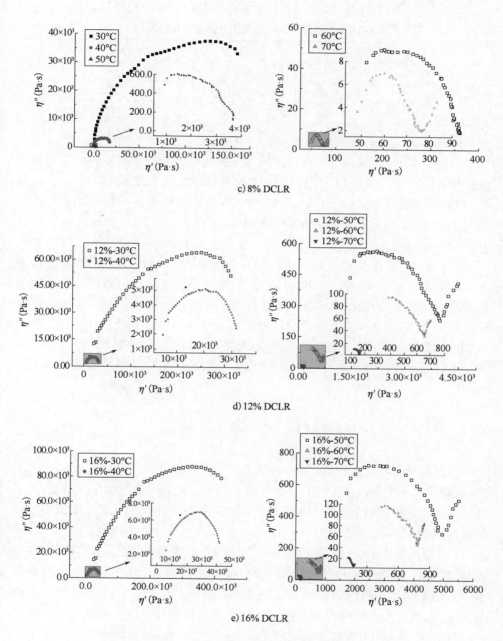

图 4-16 不同 DCLR 掺量与 KLMY-50 共混物 Cole-Cole 图

表 4-10 为不同 DCLR 掺量与 3 种石油沥青共混物相分离温度。

不同 DCLR 掺量与 3 种石油沥青共混物相分离温度　　　　表 4-10

种　　类	4% DCLR	8% DCLR	12% DCLR	16% DCLR
Shell-90	60	60	50	40
ZSY-70	60	50	40	40
KLMY-50	50	50	40	40

由图 4-14 ~ 图 4-16 和表 4-10 可知：

（1）不同 DCLR 掺量与 3 种石油沥青共混物在高温条件下均出现了不同程度的相分离特征。随着 DCLR 掺量的增加，其相分离临界温度逐渐减小，无论在哪种 DCLR 掺量下，DCLR 与 Shell-90、ZSY-70 共混物的相分离临界温度均高于其与 KLMY-50 的，说明与 Shell-90、ZSY-70 相比，KLMY-50 与 DCLR 的相容性差，体系不稳定。

（2）当 DCLR 掺量超过 12% 时，DCLR 与 Shell-90 共混物的相分离临界温度逐渐低于对应的 Shell-90；当 DCLR 掺量超过 8% 时，DCLR 与 ZSY-70 共混物的相分离临界温度逐渐低于对应的 ZSY-70；当 DCLR 掺量为 4% 时，DCLR 与 KLMY-50 的共混物相分离临界温度就已经低于对应的 KLMY-50。因此，推荐 DCLR 改性 Shell-90 中，DCLR 掺量不宜超过 12%；DCLR 改性 ZSY-70 中，DCLR 掺量不宜超过 8%；DCLR 与 KLMY-50 的相容性较差，DCLR 不适用于 KLMY-50 的改性。

4.11　本　章　小　结

通过玻璃化转变温度法、溶解度参数法、红外光谱法、离析法、Cole-Cole 图法、显微镜法等对 DCLR、5 种石油沥青及其与 DCLR 共混物进行相容性评价，对比了不同相容性评价方法的异同，研究了 DCLR 掺量对其与石油沥青相容性的影响规律，可以得到以下结论：

（1）分别计算了 5 种石油沥青及其与 DCLR 共混物的 T_g 差值、溶解度参数差值、离析软化点差值、离析率，绘制了 Cole-Cole 图等，发现了不同石油沥青类型对其与 DCLR 相容性的影响规律，一般而言，拥有较低沥青质含量和 I_c 值的石油沥青，其与 DCLR 的相容性较好。综合不同相容性评价方法的结果发现，5 种石油沥青与 DCLR 的相容性排序为：Shell-90 ≈ SK-90 > ZSY-70 ≈ DM-70 > KLMY-50。

（2）对比不同相容性评价方法可知，离析法对于评价 DCLR 与石油沥青的相容性不够敏感，且受试验员操作因素影响较大；玻璃化转变温度 T_g 法由于选取样品量（仅有 10mg）过小，对于石油沥青来说离散性较大；溶解度参数 SPD 法主要用于评价纯物质共混后的相容性，对于石油沥青这种复杂的共混物的测试结果过于模糊；红外光谱法和显微镜法由于受操作仪器的限制，使用面较窄。因此，结合石油沥青本身的特性（属于黏弹性材料），推荐基于流变学方法的 Cole-Cole 图法评价 DCLR 与石油沥青的相容性。

（3）采用 Cole-Cole 图法分析了 DCLR 掺量对 DCLR 与石油沥青相容性的影响。推荐 DCLR 改性 Shell-90 中，DCLR 掺量不宜超过 12%；DCLR 改性 ZSY-70 中，DCLR 掺量不宜超过 8%；DCLR 与 KLMY-50 的相容性较差，DCLR 不适用于 KLMY-50 的改性。

本章参考文献

［1］ Ji J, Zhao Y S, Xu S F. Study on Properties of the Blends with Direct Coal Liquefaction Residue and Asphalt［J］. Applied Mechanics and Materials, 2014, 488-489:316-321.

［2］ Loeber L, Sutton O, Morel J, et al. New direct observations of bitumens and bitumen binders by scanning electron microscopy and atomic force microscopy ［J］. J Microsc, 2010, 182(1): 32-39.

［3］ Huang S C, Turner T F, Pauli A T, et al. Evaluation of Different Techniques for Adhesive Properties of Asphalt-Filler Systems at Interfacial Region［J］. Journal of ASTM International, 2005, 2(5):15.

［4］ Stangl K, Jäger A, Lackner R. The Effect of Styrene-Butadiene-Styrene Modification on the Characteristics and Performance of Bitumen［J］. Monatshefte für Chemie-Chemical Monthly, 2007, 138(4): 301-307.

［5］ Mcnally J A. Polymer Modified Bitumen: Properties and Characterization［M］. Oxford: Woodhead Publishing Cambridge, 2011.

［6］ Bowers B F, Huang B, He Q, et al. Investigation of Sequential Dissolution of Asphalt Binder in Common Solvents by FTIR and Binder Fractionation［J］. Journal of Materials in Civil Engineering, 2015, 27(8):1-6.

［7］ Rossi C O, Spadafora A, Teltayev B, et al. Polymer modified bitumen: Rheological properties and structural characterization［J］. Colloids and Surfaces A: Physicochemical and Engineering Aspects, 2015, 480:390-397.

[8] Dong F,Xin Y,Liu S,et al. Rheological behaviors and microstructure of SBS/CR composite modified hard bitumen[J]. Construction & Building Materials,2016,115:285-293.

[9] Xu Y,Mills-Beale J,You Z. Chemical characterization and oxidative aging of bio-bitumen and its compatibility with petroleum asphalt [J]. Journal of Cleaner Production,2017,142:1837-1847.

[10] 中华人民共和国交通运输部.公路工程沥青及沥青混合料试验规程:JTG E20—2011[S].北京:人民交通出版社,2011.

[11] 刘倩,岳红,张慧军,等.聚合物共混相容性分子动力学模拟进展[J].材料开发与应用,2011,26(3):92-96.

[12] 熊萍,郝培文.改善SBS改性沥青储存稳定性的措施与机理分析[J].同济大学学报(自然科学版),2006,34(5):613-618.

[13] 王涛,才洪美,张玉贞.SBS改性沥青机理研究[J].石油沥青,2008,22(6):10-14.

[14] 刘克非,吴超凡,等.费托蜡温拌沥青结合料相容性的评定方法[J].材料研究学报,2015,29(9):707-713.

[15] 朱建勇,何兆益.抗剥落剂与沥青相容性的分子动力学研究[J].公路交通科技,2016,33(1):34-40.

[16] 孙忠武,等.煤沥青改性石油沥青相容性及分散性的研究[J].材料导报,2013,27(s2):288-292.

[17] 郑绍军.胶粉沥青的流变性质及其相容/共混特点[J].公路交通科技(应用技术版),2015,11(11):80-83.

[18] Mochida I,Okuma O,Yoon S H. Chemicals from Direct Coal Liquefaction[J]. Chemical Reviews,114(3):1637-1672.

[19] 刘斌清,等.沥青四组分与橡胶沥青性能指标的相关性分析[J].中外公路,2015,35(6):321-326.

[20] 邹异红,等.棒状薄层色谱分析仪检测沥青四组分试验方法研究[J].石油沥青,2009,23(6):17-21.

[21] 李鹏.神木-府谷煤液化残渣的组成结构与H_2O_2/乙酸酐氧化[D].北京:中国矿业大学,2015.

[22] 战福豪.稳定型废旧橡塑高分子合金改性沥青路用性能研究[D].济南:山东建筑大学,2014.

[23] 郝培文.改性剂SBS与沥青相容性的研究[J].石油炼制与化工,2001,32

（3）:54-56.

［24］梁文杰.石油化学[M].东营:石油大学出版社,1995.

［25］Ali F, Kumar R, Sahu P L, et al. Physicochemical characterization and compatibility study of roflumilast with various pharmaceutical excipients［J］. Journal of Thermal Analysis & Calorimetry,2017,130(03):1627-1641.

［26］何立平.基于 DMA 方法的橡胶沥青粘弹特性和高温性能研究[D].西安:长安大学,2014.

［27］Hojiyev R, Ulcay Y, Çelik M S. Development of a clay-polymer compatibility approach for nanocomposite applications［J］. Applied Clay Science, 2017, (146): 548-556

［28］许颖,等.淀粉高填充改性 PBAT 体系的力学及流变学性能[J].塑料,2014,43(1): 22-26.

［29］张文龙,等.红外光谱法研究 TPU/SEBS 的相容性[J].中国塑料,2016,10(10): 36-41.

［30］褚小立,陆婉珍.近五年我国红外光谱分析技术研究进展[J].光谱学与光谱分析,2014,34(10): 2595-2605.

［31］牟存玉.废橡胶粉-废塑料裂解物改性沥青灌缝胶性能研究[D].重庆:重庆交通大学,2018.

［32］李军.聚合物改性沥青多相体系形成和稳定的研究[D].青岛:中国石油大学,2008.

［33］Ji Jie, Wu Hao, et al Compatibility Evaluation between Direct Coal Liquefaction Residue and Bitumen［J］. China Petroleum Processing and Petrochemical Technology,2019,30(03):25-36.

［34］Ji J, Yao H, Yang X, et al. Performance analysis of direct coal liquefaction residue (DCLR) and trinidad lake asphalt (TLA) for the purpose of modifying traditional asphalt［J］. Arabian Journal for Science & Engineering, 2016, 41(10): 3983-3993.

［35］武昊.煤直接液化残渣与石油沥青相容性研究[D].北京:北京建筑大学,2019.

［36］肖鹏,康爱红,李雪峰.基于红外光谱法的 SBS 改性沥青共混机理[J].江苏大学学报(自然科学版),2005,26(6):529-532.

［37］Bowers B F, Huang B, Shu X, et al. Investigation of reclaimed asphalt pavement blending efficiency through GPC and FTIR［J］. Constr. Build. Mater. ,2014b,

50:517-523.

[38] Jia X, Huang B, Bowers B F, et al. Infrared spectra and rheological properties of asphalt cement containing waste engine oil residues [J]. Constr. Build. Mater., 2014, 50:683-691.

[39] Zhang Q, Tian M, Wu Y P, et al. Effect of particle size on the properties of Mg(OH)$_2$-filed rubber composites [J]. J Appl Polym Sci, 2004, 94(6): 2341-2347.

[40] 胡勇. SBS 聚合物和沥青相容性的耗散动力学研究[D]. 青岛:中国石油大学,2018.

[41] 刘克非,等. 废旧轮胎橡胶粉改性沥青结合料相容性评价研究[J]. 新型建筑材料,2017,26(5):13-16.

[42] Ali F, Kumar R, Sahu P L, et al. Physicochemical characterization and compatibility study of roflumilast with various pharmaceutical excipients [J]. Journal of Thermal Analysis & Calorimetry,2017,(1): 1-15.

[43] Loeber L, Sutton O, Morel J, et al. New direct observations of bitumens and bitumen binders by scanning electron microscopy and atomic force microscopy [J]. J Microsc,2010,182(1):32-39.

[44] 季节,等. DCLR 与 TLA 共混改性沥青的性能对比[J]. 燃料化学学报, 2015,43(9):1061-1067.

[45] 孙国强,庞琦,孙大权. 基于 AFM 的沥青微观结构研究进展[J]. 石油沥青,2016,30(04):18-24.

[46] 郭书翔. 原子力学显微镜 AFM 图像沥青蜂状结构特性研究综述[J]. 路基工程,2019(02):32-38.

[47] Soenen H, Besamusca J, Hartmut R. Fischer. Laboratory investigation of bitumen based on round robin DSC and AFM tests[J]. Materials and Structures,2014,47 (7):1205-1220.

[48] De Moraes M B, Pereira R B, Simo R A, et al. High temperature AFM study of CAP 30/45 pen grade bitumen [J]. Journal of Microscopy, 2010, 239 (1):46-53.

[49] Prabir Kumar Dasa, Hassan Baaja, Susan Tighea, et al. Atomic force microscopy to investigate asphalt binders: a state-of-the-art review [J]. Road Materials and Pavement Design,2016,17(3):693-718.

第5章 煤直接液化残渣改性沥青的性能表征

按照第 3 章确定的 DCLR 改性沥青制备工艺,以及第 4 章 DCLR 与石油沥青的相容性的研究结果,本章采用 SK-90 沥青作为基质沥青,分别制备不同DCLR 掺量(与 SK-90 沥青质量比 4%、6%、8% 和 10%)改性沥青进行性能测试并表征,其中 DCLR 改性沥青的性能主要包括基本性能、流变性能、感温性能、抗老化性能等。另外,针对 DCLR 改性沥青低温性能不足的技术缺陷,本章采用添加 SBS、橡胶粉、增容剂等方法制备复合 DCLR 改性沥青,研究不同方法对 DCLR改性沥青低温性能的改善效果。

5.1 煤直接液化残渣改性沥青的基本性能

根据《公路工程沥青及沥青混合料试验规程》(JTG E20—2011)中的有关规定,按照 SHRP PG 和针入度分级体系分别对不同 DCLR 改性沥青进行性能测试,试验结果见表 5-1。

DCLR 改性沥青的性能 表 5-1

指　标	DCLR 掺量(%)			
	4	6	8	10
25℃针入度(0.1mm)	58.7	56.8	54.0	49.6
软化点(℃)	51.5	53.2	55.5	56.0
10℃延度(cm)	12.3	11.2	10.9	9.7
135℃黏度(mPa·s)	465.7	537.7	582.3	627.4
RTFOT 后残留物				
质量变化(%)	+0.2	+0.1	-0.1	+0.1
残留针入度(%)	53.2	51.3	46.5	47.9
10℃残留延度(cm)	4.3	3.8	3.6	3.2
PG	64-22	64-22	64-22	64-16

由表 5-1 可知:

(1)由于 DCLR 的加入且随着其掺量的不断增大,DCLR 改性沥青的高温性能越来越好(软化点、黏度的提高),低温性能越来越差(10℃延度的减小),在宏观上表现为改性沥青不断变硬、变脆。当 DCLR 掺量超过 8% 时,DCLR 改性沥青的低温性能已不能满足《公路沥青路面施工技术规范》(JTG F40—2004)中对 50 号沥青 10℃延度(≥10cm)的要求。

(2)由于 DCLR 的加入且随着其掺量的不断增大,DCLR 改性沥青的 PG 高温等级由 58℃(SK-90 的 PG 分级为 58-22)增加至 64℃,提高了一个等级,但其 PG 低温等级在不断降低,该变化与针入度评价体系的分析结果保持一致。同时,与 SK-90 沥青相比,当 DCLR 掺量超过 8% 时,DCLR 改性沥青的低温等级下降了 2 个等级。

5.2　煤直接液化残渣改性沥青流变性能

沥青作为一种典型的黏弹性材料,既不符合牛顿流体的力学规律,也不符合胡克弹性体的力学表现。在路面实际使用过程中,当温度较高时沥青更接近于牛顿流体,而温度较低时沥青更接近于虎克弹性体。因此,需要借助流变学理论从应力、应变、温度和时间等方面来描述沥青的流变行为。本书采用动态剪切流变仪(Dynamic Shear Rheometer,DSR)揭示 DCLR 改性沥青在不同温度、荷载作用条件下的动态力学响应,进而评价 DCLR 改性沥青在不同温度区间内的流变性能。利用弯曲梁流变仪(Bending Beam Rheometer,BBR)评价 DCLR 改性沥青的低温蠕变特性。

5.2.1　应变扫描

为保证材料的形态结构在测试时不会被破坏,应在小应变下进行应变扫描试验。因此,在对 DCLR 改性沥青进行流变性能的测试之前,应保证 DCLR 改性沥青处于线黏弹性范围,DCLR 改性沥青的线黏弹性范围可由 DSR 试验的应变扫描试验确定。SHRP 研究学者认为通常情况下,应变越大,沥青的复数剪切模量 G^* 越小,若 G^* 的降低值不超过其最大 G^* 值的 10%,即证明沥青在其线黏弹性范围之内。

本书选用 AR(Advanced Rheometer)1500ex 型 DSR,选定试验频率为 10rad/s,试验温度为 45℃,对不同 DCLR 掺量下改性沥青进行应变扫描试验,如图 5-1 所示。

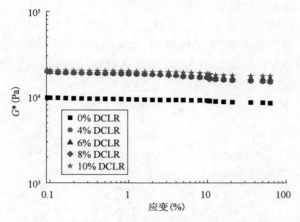

图 5-1　不同 DCLR 掺量下改性沥青应变扫描结果

由图 5-1 可知：不同 DCLR 掺量下改性沥青线黏弹性范围为 12.71%、3.20%、2.51%、1.99% 和 1.59%。由于 DCLR 的加入且随其掺量的不断增加，改性沥青的线黏弹性范围逐渐减小。

5.2.2　温度扫描

1）DCLR 改性沥青高温抗变形性能

根据《公路工程沥青及沥青混合料试验规程》（JTG E20—2011）中的相关规定，对不同 DCLR 掺量下改性沥青进行温度扫描模式下的 DSR 试验。具体试验参数的选取，见表 5-2。

温度扫描试验参数　　　　　　　　　　　　　　　　　　　　　　表 5-2

试验温度（℃）	温度间隔（℃）	转子（mm）	厚度（mm）	频率（rad/s）	应变（%）
46 ~ 70	6	25	1	10	1

（1）相位角 δ 和复数模量 G^*。

图 5-2 为不同 DCLR 掺量下改性沥青在原样阶段的 G^* 值和 δ 值随温度的变化。

由图 5-2 可知：

①随着温度的升高，DCLR 改性沥青的 δ 值增大、G^* 值减小。这主要是由于当温度处于较高水平时，DCLR 改性沥青的流动性不断增强，更接近于黏性流体状态，黏性成分占据主导地位，进而表现出 δ 值增大、G^* 值减小。

②在同一温度下，与 SK-90 沥青相比，DCLR 改性沥青具有更大的 G^* 值、较

低的 δ 值,同时随 DCLR 掺量的增加也呈现出这种变化趋势。如当试验温度为 46℃时,SK-90 沥青的 G^* 值和 δ 值分别为 13.34kPa 和 82.42°,4% DCLR 改性沥青的 G^* 值和 δ 值分别为 19.71kPa 和 81.44°。这主要是因为 DCLR 中含有较高的沥青质,随着 DCLR 掺量的增加,改性沥青体系刚度逐渐增大,G^* 值越大,改性沥青中弹性成分占比不断提高,δ 值相应减小。

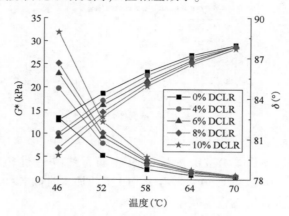

图 5-2   DCLR 改性沥青的 G^* 值和 δ 值随温度的变化

(2)车辙因子 $G^*/\sin\delta$。

图 5-3 为不同 DCLR 掺量下改性沥青在原样阶段和 RTFOT 阶段的 $G^*/\sin\delta$ 值随温度的变化。

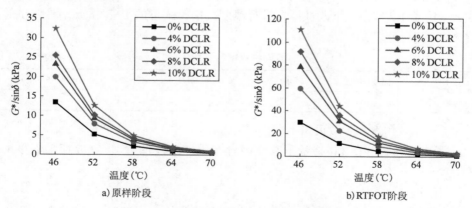

a)原样阶段   b)RTFOT阶段

图 5-3   DCLR 改性沥青的 $G^*/\sin\delta$ 值随温度的变化

由图 5-3 可知:

①当试验温度相同时,与 SK-90 沥青相比,DCLR 改性沥青具有较大的 $G^*/\sin\delta$ 值,且 DCLR 的掺量越高,改性沥青的 $G^*/\sin\delta$ 值越大,说明 DCLR 改性沥

青的弹性特性越来越明显,有利于增强沥青的抗变形能力,即 DCLR 的加入可以改善沥青的高温抗车辙能力。如 SK-90 沥青在原样和 RTFOT 阶段 46℃的 $G^*/\sin\delta$ 值分别为 13.45kPa 和 29.94kPa,而 4% DCLR 改性沥青在原样和 RTFOT 阶段 46℃的 $G^*/\sin\delta$ 值分别为 19.94kPa 和 59.39kPa,分别提高了 6.49kPa 和 29.45kPa。这主要是因为 DCLR 中沥青质含量较高,将其加入沥青中,使沥青由溶胶型向溶凝胶型转化,宏观上表现为沥青的软化点、黏度、车辙因子等指标明显上升,抗车辙能力明显提升。

②当 DCLR 掺量相同时,SK-90 沥青和 DCLR 改性沥青的 $G^*/\sin\delta$ 值均随着温度的升高而降低,且呈指数函数关系单调递减,回归方程式($G^*/\sin\delta = Ae^{BT}$)的相关性较高,相关系数 R^2 均高达 0.998 以上(式中,T 为试验温度;A、B 为与材料特性相关的回归分析常数),其回归参数见表 5-3。

回归系数 A、B 值　　　　　　　　　表 5-3

DCLR 掺量 (%)	原样阶段			RTFOT 阶段		
	A	B	相关系数 R^2	A	B	相关系数 R^2
0	8514.1	-0.142	0.9981	40221.7	-0.157	0.9997
4	14114.0	-0.144	0.9989	91200.3	-0.160	0.9998
6	15962.0	-0.143	0.9990	98035.1	-0.156	0.9999
8	18183.0	-0.144	0.9993	118659.7	-0.156	0.9999
10	29391.0	-0.149	0.9989	133166.5	-0.154	0.9999

表 5-4 为不同 DCLR 掺量下改性沥青在 RTFOT 前、后的路面临界破坏温度。

不同 DCLR 掺量下改性沥青的临界破坏温度　　　　　表 5-4

DCLR 掺量 (%)	临界破坏温度(℃)	
	原样阶段	RTFOT 阶段
0	62.03	62.45
4	66.52	67.51
6	67.73	69.40
8	68.28	70.84
10	69.07	72.11

由表 5-4 发现,通过提高 DCLR 的掺量,可以提高 DCLR 改性沥青的临界破坏温度,改善路面的高温性能。如与 RTFOT 阶段的 SK-90 沥青相比,同等情况下,添加 4% DCLR 可将临界破坏温度由 62.45℃提高至 67.51℃,提高 5.06℃,

这对于抑制路面车辙病害是十分有益的。

（3）$G^*/\sin\delta$ 下降速率 G_T。

DCLR 改性沥青的 $G^*/\sin\delta$ 值随试验温度下降的速率在不同试验温度区间内呈现出不同的变化规律：

①迅速降低阶段：在 46～58℃温度区间内，DCLR 改性沥青的 $G^*/\sin\delta$ 值会随着温度的升高而迅速降低，这说明在 46～58℃温度区间内，DCLR 改性沥青的黏性表现比较明显，高温抵抗变形能力迅速下降，对温度的敏感性高。

②缓慢降低阶段：在 58～70℃温度区间内，DCLR 改性沥青的 $G^*/\sin\delta$ 值会随着温度的升高而缓慢降低，这说明在 58～70℃温度区间内，DCLR 改性沥青的弹性性能表现比较明显，高温抵抗变形能力下降不明显，对温度的敏感性低。

按照式(5-1)可计算不同 DCLR 掺量下改性沥青的 $G^*/\sin\delta$ 值随试验温度的升高而下降的速率 G_T，见表 5-5。

$$G_T = \frac{G^*/\sin\delta_1 - G^*/\sin\delta_2}{T_1 - T_2} \tag{5-1}$$

式中：G_T——DCLR 改性沥青的 $G^*/\sin\delta$ 值随温度的升高而下降的速率，kPa/℃；

$G^*/\sin\delta_1$——分别对应 DCLR 改性沥青在 58℃或 70℃时的 $G^*/\sin\delta$ 值，kPa；

$G^*/\sin\delta_2$——分别对应 DCLR 改性沥青在 46℃或 58℃时的 $G^*/\sin\delta$ 值，kPa；

T_1——试验温度 58℃或 70℃；

T_2——试验温度 46℃或 58℃。

DCLR 改性沥青的 G_T 值　　　　　　表 5-5

DCLR 掺量	原 样 阶 段		RTFOT 阶 段	
（%）	46～58℃	58～70℃	46～58℃	58～70℃
0	0.939	0.144	2.110	0.310
4	1.392	0.216	4.214	0.603
6	1.615	0.258	5.521	0.825
8	1.771	0.285	6.468	0.972
10	2.289	0.333	7.809	1.196

由表 5-5 可知：

①从 G_T 值角度考虑，在 46～58℃温度区间内，DCLR 改性沥青的 G_T 值远远大于其在 58～70℃温度区间的 G_T 值，说明 46～58℃温度区间内 DCLR 改性沥青的 $G^*/\sin\delta$ 值变化比较剧烈。但当温度区间在 58～70℃时，DCLR 改性沥青的

G_T 值相对较小,说明其子 $G^*/\sin\delta$ 值在 $46 \sim 58\,^\circ\!C$ 温度区间内变化比较平缓。从 $G^*/\sin\delta$ 值角度考虑,在 $46 \sim 58\,^\circ\!C$ 温度区间内,DCLR 改性沥青的 $G^*/\sin\delta$ 值明显高于其在 $58 \sim 70\,^\circ\!C$ 温度区间内的 $G^*/\sin\delta$ 值,结合 G_T 值的变化规律,说明虽然 DCLR 改性沥青在 $46 \sim 58\,^\circ\!C$ 车辙易形成区的温度区间内抵抗高温变形能力很强,但对温度变化却十分敏感。在 DCLR 改性沥青工程应用时需要对 DCLR 改性沥青在道路结构应用层位予以重点考虑。

②DCLR 改性沥青的 G_T 值随着 DCLR 掺量的增加而增大,尤其是在 $46 \sim 58\,^\circ\!C$ 车辙易形成区的温度区间内这种表现更为强烈,这说明 DCLR 改性沥青在 $46 \sim 58\,^\circ\!C$ 车辙易形成区的温度区间内,其高温性能虽然随着 DCLR 掺量的增加而增强,但较高 DCLR 掺量下,DCLR 改性沥青的高温性能对温度变化极其敏感。结合 DCLR 改性沥青高温性能这一特性,建议通过控制 DCLR 在 8% 之内,将 DCLR 改性沥青用于沥青路面的中、下面层(抗车辙结构层)或者用于沥青稳定基层。

(4)Black 曲线。

Black 曲线不随试验频率的改变而发生变化,仅反映 δ 和 G^* 之间的关系,就像人类的指纹一样,可精确地表征沥青的流变特性。图 5-4 为不同 DCLR 掺量下改性沥青的 Black 曲线。

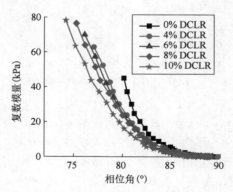

图 5-4　不同 DCLR 掺量下改性沥青的 Black 曲线

由图 5-4 可知:

①当 G^* 值大小相等时,10% DCLR 改性沥青的 δ 值最小,且随着 DCLR 掺量的减少,DCLR 改性沥青的 δ 值不断增大,SK-90 沥青的 δ 值最大,这说明 DCLR 掺量越高,改性沥青会表现出更多的弹性成分,高温抗车辙能力越好。同时,当 δ 值较大时,与之对应的 G^* 值则相对较小。

②当 δ 值大小相等时,10% DCLR 改性沥青的 G^* 值最小,这意味着要使 10% DCLR 改性沥青与 SK-90 沥青的 δ 值处于同一水平,只有通过提高温度,才能实现

降低 G^* 值的目的,说明 10% DCLR 在高温条件下具有更为优异的抗变形能力。

2)DCLR 改性沥青中温抗疲劳性能

根据《公路工程沥青及沥青混合料试验规程》(JTG E20—2011)中的相关规定,对不同 DCLR 掺量下改性沥青进行温度扫描模式下的 DSR 试验。具体试验参数的选取,见表 5-6。

温度扫描试验参数 表 5-6

试验温度(℃)	温度间隔(℃)	转子(mm)	厚度(mm)	频率(rad/s)
19~31	3	8	2	10

图 5-5 为不同 DCLR 掺量下改性沥青在 RTFOT + PAV 阶段后疲劳因子 $G^*\sin\delta$ 随温度的变化。

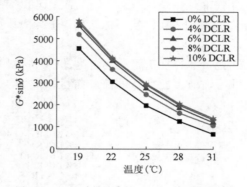

图 5-5　DCLR 改性沥青的 $G^*\sin\delta$ 随温度的变化

由图 5-5 可知:

(1)当试验温度相同时,DCLR 改性沥青的 $G^*\sin\delta$ 值均高于 SK-90 沥青,且随着 DCLR 掺量的增加,改性沥青的 $G^*\sin\delta$ 值在不断变大,$G^*\sin\delta$ 值随温度升高呈指数递减,其回归方程可简化为 $G^*\sin\delta = ae^{bT}$(式中,T 为试验温度;a、b 为与材料特性有关的回归参数),且相关性较高($R^2 > 0.997$),拟合结果见表 5-7。

疲劳因子 $G^*\sin\delta$ 拟合结果 表 5-7

DCLR 掺量(%)	a	b	相关系数 R^2
0	73779.7	−0.146	0.9967
4	59942.7	−0.128	0.9990
6	58084.3	−0.122	0.9979
8	53979.4	−0.118	0.9989
10	53356.8	−0.116	0.9996

这说明在沥青中添加 DCLR 会对其疲劳性能产生不利影响。这主要是因为 DCLR 中软组分(饱和分 + 芳香分)含量较低,导致改性沥青体系的整体刚度增大,进而影响 DCLR 改性沥青的疲劳性能。

(2)从疲劳等级分析可知,SK-90 沥青的疲劳等级为 22℃,4% 和 6% DCLR 改性沥青疲劳等级为 25℃,8% 和 10% DCLR 改性沥青疲劳等级为 28℃,说明 DCLR 的加入且随着其掺量的不断提高,改性沥青疲劳性能越来越差。若从沥青的疲劳性能考虑,DCLR 掺量应控制在 8% 之内,以保证 DCLR 改性沥青良好的疲劳性能。

3)DCLR 改性沥青低温抗开裂性能

利用 ATS 型高级弯曲梁流变仪,按照 AASHTO TP-1 进行 BBR 试验以评价 DCLR 改性沥青的低温抗开裂性能,试验温度分别为 -6℃、-12℃、-18℃,以 (980 ±5)mN 的恒载持续加载 240s。试验中测定 8s、15s、30s、60s、120s、240s 的蠕变速率 m 值和蠕变劲度模量 S 值。

图 5-6 为不同 DCLR 掺量下改性沥青在 RTFOT + PAV 阶段后 m 值和 S 值随温度的变化。

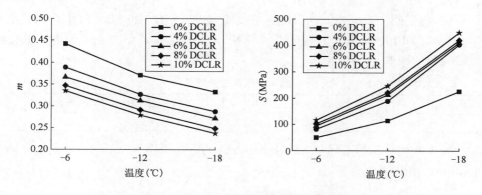

图 5-6　DCLR 改性沥青的 m 值和 S 值随温度的变化

由图 5-6 可知:

(1)在同一温度下,由于 DCLR 的加入且随其掺量的不断增加,改性沥青的 S 值呈线性增大趋势($R^2 > 0.929$,拟合结果见表 5-8),主要是因为 DCLR 中的沥青质使得改性沥青体系硬度增大,脆性增加,低温性能下降;m 值呈线性下降趋势($R^2 > 0.920$,拟合结果见表 5-8),这主要是由于 DCLR 与沥青发生交联作用,使二者联系更为紧密,致使 DCLR 改性沥青的应力松弛能力下降,即添加 DCLR 会造成沥青低温抗开裂性能有一定程度的下降。

DCLR 改性沥青的 m 值和 S 值线性拟合结果 表 5-8

DCLR 掺量	m 值		S 值	
（%）	拟合公式	相关系数 R^2	拟合公式	相关系数 R^2
0	$m = 0.00907 \times T + 0.49$	0.9388	$S = -14.72 \times T - 46.63$	0.9523
4	$m = 0.00842 \times T + 0.44$	0.9662	$S = -26.93 \times T - 98.53$	0.9292
6	$m = 0.00786 \times T + 0.41$	0.9872	$S = -26.45 \times T - 78.08$	0.9601
8	$m = 0.00820 \times T + 0.39$	0.9881	$S = -26.52 \times T - 70.42$	0.9591
10	$m = 0.00811 \times T + 0.38$	0.9861	$S = -27.69 \times T - 61.79$	0.9707

（2）从 PG 分级中的低温等级可知，SK-90 沥青的 PG 低温等级为 -28℃，4% 和 6% DCLR 改性沥青的 PG 低温等级为 -22℃，8% 和 10% DCLR 改性沥青的 PG 低温等级为 -16℃，说明添加 DCLR 且随其掺量的不断增加，对沥青低温抗开裂性能的损伤越来越明显。若从 DCLR 改性沥青的低温抗开裂性能的角度考虑，本书建议 DCLR 掺量应不超过 8%。

5.2.3 频率扫描

1）DCLR 改性沥青频率扫描分析

根据《公路工程沥青及沥青混合料试验规程》（JTG E20—2011）中的相关规定，对不同 DCLR 掺量下改性沥青进行动态频率扫描模式下的 DSR 试验。具体试验参数的选取，见表 5-9。

频率扫描试验参数 表 5-9

试验温度（℃）	转子（mm）	厚度（mm）	频率范围（Hz）	应变（%）
30、45、60	25	1	0.1~100	1

图 5-7、图 5-8 为不同 DCLR 掺量下改性沥青在原样阶段不同试验温度下的 δ 值和 G^* 值随频率的变化。

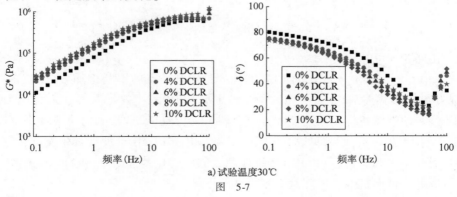

a）试验温度30℃

图 5-7

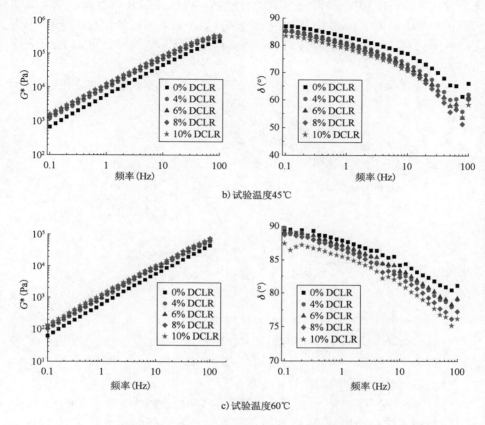

b) 试验温度45℃

c) 试验温度60℃

图 5-7　DCLR 改性沥青的 G^* 值和 δ 值随频率的变化

由图 5-7 可知：

（1）当试验频率相同时，与 SK-90 沥青的 G^* 值相比，DCLR 改性沥青具有较高的 G^* 值，且随着 DCLR 掺量的提高，改性沥青的 G^* 值呈增大趋势，说明其抵抗变形能力明显增强，主要是由于 DCLR 中沥青质的含量较高，增大了 DCLR 改性沥青体系的刚度，使得 DCLR 改性沥青的 G^* 值不断增大。同时，DCLR 改性沥青的 G^* 值随试验频率的增大而增大，这主要因为沥青属于黏弹性材料，当试验频率较大的时候，荷载作用在沥青上的时间相对较短，使得沥青在荷载作用下产生的变形较小，进而表现出其 G^* 值增大。

（2）当试验频率相同时，与 SK-90 沥青的 δ 值相比，DCLR 改性沥青具有较低的 δ 值，且随着 DCLR 掺量的提高，改性沥青的 δ 值呈不断减小趋势，说明 DCLR 改性沥青表现出更多的弹性成分，即在承受相同的路面荷载的情况下，其变形可恢复的性能增加,高温抗车辙能力增强。同时,DCLR 改性沥青的 δ 值随荷载作用频率的增大而减小,主要因为当试验频率较大的时候,荷载作用在沥青上的时间相对较短,使得沥青在荷载作用下产生的变形以弹性变形为主,即表现出其 δ 值的减小。

图 5-8 为不同 DCLR 掺量下改性沥青的 G^* 值随频率和温度的变化。

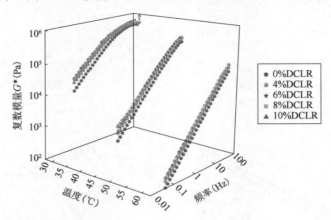

图 5-8 DCLR 改性沥青的 G^* 值随频率和温度的变化

由图 5-8 可知:基于相态流变学理论,不同 DCLR 掺量下改性沥青的 G^* 值随频率的变化曲线属于垂直性平移,为延迟弹性体。

2)基于时温等效原理的模量主曲线拟合

目前,试验室内在进行沥青及其混合料的 DSR 试验时,仅可以在有限的温度区间和频率区间内进行,不能准确预测沥青及其混合料在宽温域、宽频域下的动态力学特性。利用时温等效原理可以通过改变试验温度来解决此类问题,因为相对于无限延长试验时间,改变试验温度的操作相对容易实现。根据时温等效原理,可以将不同试验温度下的试验曲线进行平移,合成某一特定温度下的模量主曲线。

图 5-9 为不同 DCLR 掺量下改性沥青在 45℃时的 G^* 主曲线。

3)基于时温等效原理的模量主曲线拟合

在 CA 模型的基础上改进得到的 CAM 模型能够更加准确地进行沥青及其混合料分析、性能评价以及结构计算。CAM 模型具体计算见式(5-2)。

$$G^* = G_e^* + \frac{G_g^* - G_e^*}{\left[1 + (f_c/f')^n\right]^{m_e/n}} \tag{5-2}$$

式中: G_e^* ——平衡态复数模量,Pa;

G_g^*——玻璃态复数模量，Pa；

f_c——弹性极限阈值，也称交叉频率，Hz；

m_e、n——形状参数，无量纲。

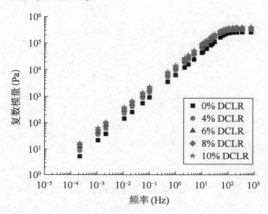

图 5-9 不同 DCLR 掺量下改性沥青的复数模量 G^* 主曲线（45℃）

同时，平衡态复数模量 G_e^* 和玻璃态复数模量 G_g^* 在对数坐标系中与 y 轴相交的截距可用 R_G 表示，还和形状参数 m_e 与 n 的比值有着密切的联系。R_G 可用来表示沥青及其混合料的松弛谱宽度，R_G 值越小，即表示沥青及其混合料由弹性向黏性转变的过程相对剧烈，其频率敏感性也就越大。R_G 的计算见式（5-3）。

$$R_G = \lg \frac{2^{m_e/n}}{1 + (2^{m_e/n} - 1) G_e^* / G_g^*} \tag{5-3}$$

利用 ORIGIN 软件对不同 DCLR 掺量下改性沥青的 G^* 主曲线进行 CAM 模型的拟合，拟合结果见表 5-10 和图 5-10（为节省篇幅，仅选取最大 R^2 和最小 R^2 的拟合结果为代表）。

CAM 模型参数拟合结果 表 5-10

DCLR 掺量（%）	G_g^*（Pa）	f_c（Hz）	m_e	n	R_G	R^2
0	2.63×10^5	81.680	0.843	3.808	0.067	0.9990
4	3.31×10^5	67.836	0.833	3.328	0.075	0.9996
6	3.57×10^5	66.571	0.813	2.998	0.082	0.9999
8	3.88×10^5	64.537	0.809	2.549	0.096	0.9996
10	3.91×10^5	58.783	0.806	2.481	0.098	0.9994

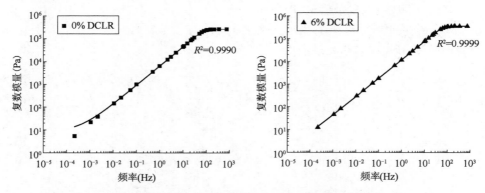

图 5-10　0% 和 6% DCLR 改性沥青复数模量主曲线 CAM 模型拟合结果

由表 5-10 和图 5-10 可知：

（1）采用 CAM 模型对 SK-90 沥青和不同 DCLR 掺量下改性沥青的 G^* 主曲线进行拟合计算，发现拟合结果的相关性系数 R^2 均在 0.9990 以上，表明 CAM 模型对 DCLR 改性沥青 G^* 主曲线的拟合度很高，利用 CAM 模型中的物理参数能够相对准确地评价 DCLR 改性沥青的黏弹特性。

（2）G_g^* 表示在车辆荷载的作用下，沥青在高频或者低温下的复数模量 G^*。与 SK-90 沥青相比，DCLR 改性沥青具有相对较高的 G_g^* 值，且 DCLR 掺量越大，其 G_g^* 值越大，说明在低温或者极限高频荷载作用下，DCLR 改性沥青能够表现出更优越的抗变形能力。

（3）f_c 是交叉频率，可用来评价沥青在低温情况下的抗开裂性能，其值越大说明低温抗开裂性能越好。与 SK-90 沥青相比，由于 DCLR 的加入且掺量的不断增加，DCLR 改性沥青的 f_c 值不断变小，说明 DCLR 改性沥青的低温性能不断变差，与 BBR 试验结果保持一致。

（4）形状参数 m_e、n 和流变参数 R_G 相关，m_e 表示材料对频率的敏感性，R_G 值表示材料的松弛谱，m_e 值越大证明沥青对频率越敏感，R_G 值越大表示沥青由弹性向黏性转变相对平稳，也就是说，其对频率的敏感性越小。通过对比 m_e、n、R_G 的数值可知，10% DCLR 改性沥青的 m_e 值（仅为 0.806）和 n 值（仅为 2.481）最小，其 R_G 值为 0.098，是各 DCLR 掺量改性沥青中的最大值，说明 10% DCLR 改性沥青的松弛谱相对较宽，同时说明其对频率的变化表现得十分不敏感。按照时温等效原理，较高的频率表示较低的温度，较低的频率表示较高的温度，即可推断出，10% DCLR 改性沥青随温度变化的敏感程度也较低，可较好地适应路面温度的变化，说明增加 DCLR 掺量会对沥青的感温性产生积极作用。

80

5.3 煤直接液化残渣改性沥青的感温性能

沥青路面的使用性能会随温度的变化而变化,这种变化的程度称为感温性能。沥青的感温性能与其高温抗变形、中温抗疲劳、低温抗开裂等性能存在明显的相关性。

5.3.1 基于针入度分级体系的 DCLR 改性沥青感温性能评价

1)针入度指数 PI

1936 年,荷兰著名科学家 Pfeiffer 和 Van Doormaal 首次提出采用针入度指数 PI 来评价沥青的感温性。PI 值越大说明沥青的感温性能越小,见式(5-4)。不同掺量下 DCLR 改性沥青的 PI 值计算结果见表 5-11 和图 5-11。

$$PI = \frac{20(1 - 25A)}{1 + 50A} \tag{5-4}$$

式中:PI——针入度指数;

A——针入度随温度变化的敏感程度。

不同 DCLR 掺量下改性沥青的 PI   表 5-11

DCLR 掺量 (%)	针入度(0.1mm)			A	K	R^2	PI
	15℃	25℃	30℃				
0	26.1	81.5	128.2	0.0466	0.7254	0.9971	−0.9909
4	21.3	58.7	107.8	0.0465	0.6241	0.9978	−0.9774
6	18.5	56.8	90.4	0.0463	0.5701	0.9998	−0.9502
8	18.2	54	88.7	0.0461	0.5722	0.9995	−0.9228
10	18.0	49.6	88.4	0.0458	0.5641	0.9989	−0.8815

由表 5-11 及图 5-11 可知:

(1)与 SK-90 沥青相比,DCLR 改性沥青 PI 值有较大的提高,如 SK-90 沥青的 PI 值为 − 0.9909,4%、6%、8%、10% DCLR 掺量改性沥青的 PI 值分别提高至 − 0.9774、− 0.9502、− 0.9228 和 − 0.8815,说明 DCLR 的加入可以改善沥青的感温性能。这主要是因为由于 DCLR 的加入,增加了沥青中的沥青质含量,因而改善了沥青的感温性能。

(2)随着 DCLR 掺量的提高,DCLR 改性沥青的 PI 值呈逐渐增长趋势,表明 DCLR 的掺量越高,其感温性越好。

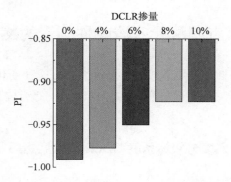

图 5-11　DCLR 改性沥青的 PI 值随 DCLR 掺量的变化

（3）当 DCLR 掺量在 0% ~4% 之间时，其 PI 值的增长幅度较小；当 DCLR 掺量在 4% ~6% 之间时，PI 值增长幅度较大，较在 0% ~4% 之间的 PI 值增长速率提高了 1 倍；当 DCLR 掺量在 6% ~8% 之间时，PI 增长幅度最大。因此，从 PI 值考虑，推荐 DCLR 掺量在 4% ~8% 之间。

2）针入度黏度指数 PVN

Mcleod 提出利用沥青的 25℃ 针入度与 135℃ 布氏黏度计算沥青的针入度黏度指数 PVN，且 PVN 值越大说明沥青的感温性越好，见式（5-5）。不同 DCLR 掺量下改性沥青的 PVN 值计算结果见表 5-12 和图 5-12。

$$PVN_{25\text{-}135} = \frac{4.258 - 0.79674\lg P_{25} - \lg\eta_{135}}{0.79511 - 0.18576\lg P_{25}} \times (-1.5) \quad (5\text{-}5)$$

式中：$PVN_{25\text{-}135}$——沥青的针入度黏度指数；

P_{25}——沥青的 25℃ 针入度，0.1mm；

η_{135}——沥青 135℃ 运动黏度，mPa·s。

不同掺量下 DCLR 改性沥青的 $PVN_{25\text{-}135}$　　　　表 5-12

DCLR 掺量（%）	25℃针入度（0.1mm）	135℃运动黏度（mPa·s）	$PVN_{25\text{-}135}$
0	81.5	365.8	-0.5864
4	58.7	465.7	-0.5811
6	56.8	537.7	-0.4149
8	54.0	582.3	-0.3568
10	49.6	627.4	-0.3424

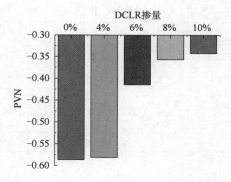

图 5-12　DCLR 改性沥青 PVN$_{25-135}$ 随 DCLR 掺量的变化

由表 5-12 及图 5-12 可知：

（1）与 SK-90 沥青相比，DCLR 改性沥青 PVN 值有大幅提高，如 SK-90 沥青的 PVN 值为 −0.5864，4%、6%、8%、10% DCLR 掺量改性沥青的 PVN 值分别提高至 −0.5811、−0.4149、−0.3568 和 −0.3424，PVN 值越大说明沥青的感温性越小，即 DCLR 可以改善沥青在 25～135℃温度区间的感温性能。

（2）随着 DCLR 掺量的提高，DCLR 改性沥青的 PVN 值在逐渐增大，说明 DCLR 改性沥青的感温性能随 DCLR 掺量的增加而不断有所改善。

（3）DCLR 掺量为 4%，PVN 与 SK-90 沥青相比没有明显变化；掺量在 4%～6% 之间，PVN 增长幅度将近 30%；掺量在 6%～10% 之间，PVN 增长速率变缓。可见，DCLR 掺量在 6%～8% 之间，可大幅改善 DCLR 改性沥青的感温性能。

3）黏温指数 VTS

黏温指数 VTS 是反映沥青黏度随温度而变化的规律，黏温指数 VTS 可用于评价沥青的感温性。式（5-6）为 ASTMD2493 推荐公式，也是最常见的沥青黏温关系式。VTS 值越小，沥青的感温性越小，根据式（5-6）计算出不同掺量 DCLR 改性沥青的 VTS，计算结果见表 5-13 和图 5-13。

$$\lg\lg(\eta \times 10^3) = m - \text{VTS} \times \lg T \tag{5-6}$$

式中：VTS——沥青的黏温指数；

　　　　η——沥青在一定试验温度下的黏度，Pa·s；

　　　　T——温度，℃；

　　　　m——回归常数。

不同 DCLR 掺量下改性沥青的 VTS   表 5-13

DCLR 掺量 (%)	运动黏度(mPa·s)				VTS
	135℃	160℃	170℃	180℃	
0	365.8	151	132.3	92.25	1.0341
4	465.7	197	172	120.1	0.9695
6	537.7	299.9	285.6	201.1	0.6856
8	582.3	319.5	295	214.3	0.6582
10	627.4	452	430.2	334.5	0.3906

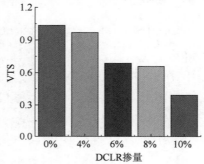

图 5-13　DCLR 改性沥青 VTS 随 DCLR 掺量的变化

由表 5-13 及图 5-13 可知：

（1）与 SK-90 沥青相比，DCLR 改性沥青的 VTS 值有所降低，如 SK-90 沥青的 VTS 值为 1.0341，4%、6%、8%、10% DCLR 掺量改性沥青的 PVN 值分别降低至 0.9695、0.6856、0.6582 和 0.3906，VTS 值越小，说明其感温性越好，即 DCLR 的加入可以改善沥青在 135～180℃温度区间的感温性能。

（2）随着 DCLR 掺量的提高，DCLR 改性沥青的 VTS 值呈逐渐减小趋势，说明 DCLR 对沥青的感温性能随 DCLR 掺量的提高而不断有所改善。

（3）DCLR 掺量在 0%～4%之间，其 VTS 值变化缓慢；DCLR 掺量在 4%～6%之间，VTS 值下降幅度将近 30%；DCLR 掺量在 6%～8%之间，VTS 值减小速率放缓。可见，DCLR 掺量为 4%～6%时，可很大程度地改善 DCLR 改性沥青的感温性能。因此，DCLR 掺量为 6%～8%时，DCLR 改性沥青的感温性能较好。

5.3.2　基于 SHRP PG 体系的 DCLR 改性沥青感温性能评价

1）复数模量指数 GTS

通过对不同 DCLR 掺量下改性沥青的 $G^*/\sin\delta$ 进行回归分析发现，DCLR 改性沥青的 $\lg(G^*/\sin\delta)$ 与试验温度 T 之间均有着很好的线性相关，相关系数 R^2

均在 0.997 以上,如图 5-14 所示。

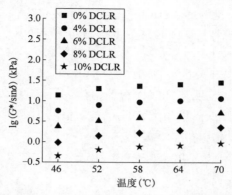

图 5-14　不同 DCLR 掺量下改性沥青的 $\lg(G^*/\sin\delta)$ 随温度的变化

DCLR 改性沥青的 $\lg(G^*/\sin\delta)$ 与试验温度 T 的回归方程见式(5-7)。

$$\lg(G^*/\sin\delta) = \text{GTS} \cdot T + P \tag{5-7}$$

式中:$G^*/\sin\delta$——车辙因子,kPa;

　　　　T——温度,℃;

　　　GTS——复数模量指数;

　　　P——回归常数。

由式(5-7)可知,以试验温度为自变量,以沥青的 $G^*/\sin\delta$ 的对数值为因变量,二者回归方程斜率的绝对值即为复数模量指数 GTS。GTS 即可描述沥青的 $G^*/\sin\delta$ 随试验温度变化的程度,可以作为沥青在中高温区域(40～80℃)的感温性能参数。GTS 值越小,说明沥青的感温性能得以改善。不同 DCLR 掺量下改性沥青的 GTS 计算结果,见表 5-14 和图 5-15。

不同掺量下 DCLR 改性沥青的 GTS　　　　　　　　　表 5-14

DCLR 掺量(%)	回　归　方　程	R^2	GTS
0	$\lg(G^*/\sin\delta) = -0.0626T + 4.0109$	0.9990	0.0626
4	$\lg(G^*/\sin\delta) = -0.0624T + 4.1497$	0.9989	0.0624
6	$\lg(G^*/\sin\delta) = -0.0621T + 4.2045$	0.9990	0.0621
8	$\lg(G^*/\sin\delta) = -0.0619T + 4.2347$	0.9990	0.0619
10	$\lg(G^*/\sin\delta) = -0.0615T + 4.2770$	0.9996	0.0615

由表 5-14 及图 5-15 可知:

(1)与 SK-90 沥青相比,DCLR 改性沥青的 GTS 值有所降低,如 SK-90 沥青的 GTS 值为 0.0626,4%、6%、8%、10% DCLR 掺量改性沥青的 GTS 值分别降低至 0.0624、0.0621、0.0619 和 0.0615,说明 DCLR 的加入可以改善沥青在 40～

80℃温度区间内的感温性能。

（2）随着 DCLR 掺量的提高，DCLR 改性沥青的 GTS 值呈逐渐减小趋势，表明 DCLR 对沥青的感温性随 DCLR 掺量的提高而不断改善。

2）蠕变劲度指数 STS

对不同掺量下 DCLR 改性沥青的 S 值与试验温度 T 的试验数据进行拟合，发现 S 值与试验温度 T 呈明显的线性相关，且相关性系数 R^2 在 0.995 以上，见式（5-8）。其中 STS 为蠕变劲度指数，STS 的绝对值越小，说明沥青的感温性能得以改善，计算结果见图 5-16 和表 5-15。

$$\lg(S) = STS \cdot T + Q \tag{5-8}$$

式中：S——蠕变劲度，MPa；

$\quad\quad T$——温度，℃；

$\quad\quad Q$——回归常数；

$\quad$STS——蠕变劲度指数。

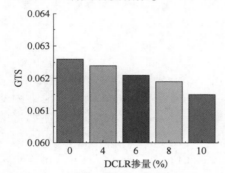

图 5-15　DCLR 改性沥青 GTS 值随 DCLR
掺量的变化

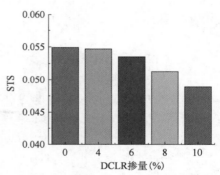

图 5-16　不同掺量下 DCLR 改性沥青 STS
值随 DCLR 掺量的变化

不同掺量下 DCLR 改性沥青的 STS　　　　　　　　表 5-15

DCLR 掺量（%）	回 归 方 程	R^2	STS
0	$\lg(S) = -0.0549T + 1.3770$	0.9969	0.0549
4	$\lg(S) = -0.0547T + 1.5653$	1.0000	0.0547
6	$\lg(S) = -0.0535T + 1.6625$	0.9958	0.0535
8	$\lg(S) = -0.0513T + 1.7105$	0.9971	0.0513
10	$\lg(S) = -0.0489T + 1.7828$	0.9954	0.0489

由图 5-16 及表 5-15 可知：

（1）与 SK-90 沥青相比，DCLR 改性沥青的 STS 值有所降低，如 SK-90 沥青的 STS 值为 0.0549，4%、6%、8%、10% DCLR 掺量改性沥青的 STS 值分别降低至 0.0547、0.0535、0.0513 和 0.0489，说明 DCLR 可以改善沥青在 −12 ~ 0℃温度区间的感温性能。

（2）随着 DCLR 掺量的提高，DCLR 改性沥青的 STS 值逐渐减小，表明沥青的感温性能随 DCLR 掺量的增加而有所改善。

（3）DCLR 掺量在 0% ~ 4% 之间，其 STS 值没有明显变化；DCLR 掺量在 4% ~ 10% 之间，STS 值逐渐降低，且变化率增大。可见，在不影响 DCLR 改性沥青各项性能的情况下，DCLR 掺量为 6% ~ 8% 时，可大幅度改善 DCLR 改性沥青的感温性能。

5.3.3　DCLR 掺量对沥青感温性能的影响分析

采用 PI、PVN、VTS、GTS、STS 五个指标共同评价 DCLR 改性沥青的感温性能，可以得出一致的结论，即 DCLR 的加入可以改善沥青的感温性能。这主要是因为 DCLR 中含有较多的沥青质，将其加入石油沥青中，使得沥青体系逐渐形成不规则的骨架结构，促成了沥青胶体结构由溶胶型向溶凝胶型、凝胶型体系的转变，直接改善了沥青的感温性能。

然而，在采用不同感温性能指标进行评价时，发现 DCLR 掺量对 DCLR 感温性能的影响规律不尽相同。在上述试验结果分析中，针对 PI、PVN、VTS、GTS、STS 五个指标分别分析了 DCLR 改性沥青感温性能随 DCLR 掺量的变化规律。本书采用 5 个感温性能指标推荐 DCLR 掺量的共同范围作为 DCLR 的最佳掺量，如图 5-17 所示。因此，从 DCLR 改性沥青的感温性能考虑，推荐 DCLR 掺量应控制在 6% ~ 8% 之间。

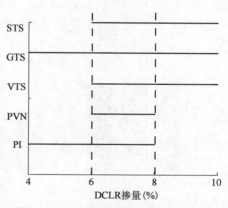

图 5-17　DCLR 最佳掺量的确定（感温性能）

5.4　煤直接液化残渣改性沥青的抗老化性能

沥青混合料在生产、运输、摊铺等施工过程以及在使用过程中均会出现性能老化现象，进而影响沥青路面的使用寿命。

5.4.1　基于基本性能的 DCLR 改性沥青抗老化性能

1）基本性能

在《公路工程沥青及沥青混合料试验规程》（JTG E20—2011）中规定了以

163℃、85min 旋转薄膜烘箱(RTFOT)后沥青的残留针入度比、残留延度、质量损失等指标评价沥青的抗老化性能。同时,沥青的老化也会引起黏度的变化,黏度作为评价沥青抗老化性能的重要指标,应予以考虑。因此,本书拟采用 RTFOT 试验前后 DCLR 改性沥青的残留针入度比(Residual Penetration Ratio,RPR)、残留延度(Residual Ductility,RD)、软化点增量(Softening Point Increment,SPI)、残留黏度比(Residual Viscosity Ratio,RVR)评价不同 DCLR 掺量下改性沥青的抗老化性能,其计算公式如下:

$$RPR = (P_2/P_1) \times 100\% \qquad (5\text{-}9)$$

式中:P_1、P_2——RTFOT 前、后沥青的针入度,0.1mm。

$$SPI = T_2 - T_1 \qquad (5\text{-}10)$$

式中:T_1、T_2——RTFOT 前、后沥青的软化点,℃。

$$RVR = \eta_2/\eta_1 \qquad (5\text{-}11)$$

式中:η_1、η_2——RTFOT 前、后沥青的 135℃ 布氏黏度,mPa·s。

图 5-18 为不同 DCLR 掺量下改性沥青的 RPR、RD、SPI、RVR。

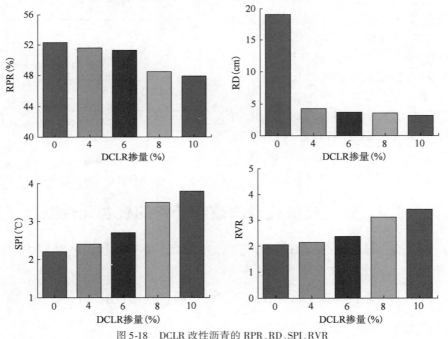

图 5-18   DCLR 改性沥青的 RPR、RD、SPI、RVR

由图 5-18 可知：

（1）经 RTFOT 后，不同 DCLR 掺量改性沥青的 RPR、RD、SPI、RVR 值均随 DCLR 掺量的变化呈现出规律性变化。随着 DCLR 掺量的提高，DCLR 改性沥青的 RPR、RD 值不断减小，SPI、RVR 值不断增大，即 DCLR 掺量越大，DCLR 改性沥青越具有较低的 RPR 值、较高的 SPI 和 RVR 值，说明 DCLR 的加入且随其掺量的不断提高，DCLR 改性沥青的抗老化性能不断变差。

（2）DCLR 改性沥青的 RPR、RD、SPI、RVR 值在不同 DCLR 掺量区间的变化程度有所差异。与 SK-90 沥青相比，DCLR 改性沥青的 RD 值在经过 RTFOT 后明显减小。当 DCLR 掺量低于 6% 时，虽然 DCLR 改性沥青的 RPR 值减小，SPI、RVR 值增大，但其变化幅度较小；相反，当 DCLR 掺量大于 6% 时，DCLR 改性沥青的 RPR 值急剧减小，SPI、RVR 值增大幅度明显，即 DCLR 改性沥青的抗老化性能急剧下降。

综上，推荐 DCLR 掺量不高于 8%，以保证 DCLR 改性沥青具有较为优越的抗老化性能。

2）以软化点为参数的老化动力学方程

通常情况下认为沥青老化是一级反应过程，可采用软化点的增量来表示沥青老化反应进行的程度。因此，以软化点为评价参数的老化动力学方程，见式（5-12）。

$$-\frac{\mathrm{d}c}{\mathrm{d}t} = kc \tag{5-12}$$

式中：c——反应物浓度，mol；

　　　k——总反应速率常数，h^{-1}；

　　　t——老化时间，h。

反应物浓度与软化点成正比，即 $c = a/R_0$，代入式（5-13）可得：

$$\ln\frac{R}{R_0} = kt \tag{5-13}$$

式中：R_0——初始软化点，℃；

　　　R——t 时刻的软化点，℃。

通过测定不同老化时间下 DCLR 改性沥青的软化点，利用式（5-12）可确定老化反应速率。同时，结合 Arrhenius 方程，引入反应活化能 E_a 的概念，进而从能量的角度对沥青的抗老化性能进行定量评价，见式（5-14）。

$$\ln k = -\frac{E_a}{RT} + \ln A \tag{5-14}$$

式中：E_a——反应活化能，J/mol；

　　　R——气体常数，数值上为 8.325 J/(mol·K)；

T——热力学温度，K；

A——指前因子，h^{-1}。

将 Arrhenius 方程代入式(5-14)，即可得到式(5-15)：

$$\ln R = \ln R_0 + Ate^{-E_a/RT} \qquad (5\text{-}15)$$

式中符号意义同前。

测试不同 DCLR 掺量下改性沥青在不同试验温度(150℃、163℃、180℃)下，不同老化时间(0h、5h、10h、15h、20h)下的软化点，试验结果见表5-16～表5-18。

150℃下不同 DCLR 掺量改性沥青的软化点 表 5-16

DCLR 掺量	老化时间(h)				
(%)	0	5	10	15	20
0	45.5	47.2	49.0	50.8	52.7
4	51.5	53.5	55.7	57.9	60.2
6	53.2	55.3	57.6	59.9	62.3
8	55.5	57.6	60.3	62.8	65.4
10	56.0	58.4	60.9	63.6	66.3

163℃下不同 DCLR 掺量改性沥青的软化点 表 5-17

DCLR 掺量	老化时间(h)				
(%)	0	5	10	15	20
0	45.5	48.1	50.9	53.8	56.9
4	51.5	54.6	57.9	61.3	65.0
6	53.2	56.4	59.7	63.5	67.4
8	55.5	58.7	62.2	66.3	70.5
10	56.0	59.2	63.2	67.1	71.2

180℃下不同 DCLR 掺量改性沥青的软化点 表 5-18

DCLR 掺量	老化时间(h)				
(%)	0	5	10	15	20
0	45.5	50.0	54.9	60.3	66.2
4	51.5	56.7	62.3	68.5	75.4
6	53.2	58.6	64.5	70.9	78.1
8	55.5	60.9	66.8	74.6	81.8
10	56.0	61.8	67.6	75.7	82.9

在不同老化温度下,将 $\ln R/R_0$ 对 t 进行线性拟合分析,所得到的斜率 k 即为该老化温度下的沥青老化反应速率常数。拟合回归结果如图 5-19 所示。

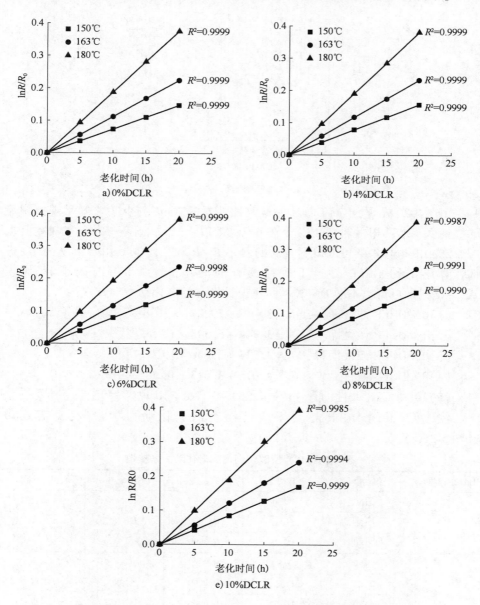

图 5-19 不同 DCLR 掺量改性沥青的 $\ln R/R_0$ 与老化时间 t 的关系

以 $-\ln k$ 对 $1/T$ 作图,经线性回归解得直线的斜率为 E_a/R,截距为 $\ln A$,线性拟合结果如图 5-20 所示。

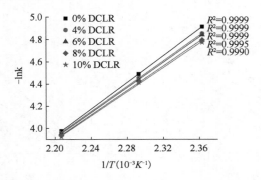

图 5-20　不同 DCLR 掺量改性沥青的 $-\ln k$ 与 $1/T$ 的关系

由图 5-20 发现,不同 DCLR 掺量改性沥青的 $-\ln k$ 与 $1/T$ 之间呈现出明显的线性关系,且相关性系数 R^2 在 0.9990 以上。结合 Arrhenius 方程,根据图 5-20 中的拟合参数可以得到直线的斜率 E_a/R 和截距 $\ln A$,由于 R 为常数,进而计算出不同 DCLR 掺量下改性沥青的活化能 E_a 和指前因子 A,代入式(5-15),即可得出不同 DCLR 掺量下改性沥青的老化动力学方程:

(1)0% DCLR 改性沥青:$\ln R = 3.818 + 10.277 \times 10^3 t e^{-5987.34/T}$;

(2)4% DCLR 改性沥青:$\ln R = 3.942 + 5.348 \times 10^3 t e^{-5685.80/T}$;

(3)6% DCLR 改性沥青:$\ln R = 3.974 + 5.060 \times 10^3 t e^{-5656.36/T}$;

(4)8% DCLR 改性沥青:$\ln R = 4.016 + 3.613 \times 10^3 t e^{-5433.03/T}$;

(5)10% DCLR 改性沥青:$\ln R = 4.025 + 3.528 \times 10^3 t e^{-5428.63/T}$。

经计算,不同 DCLR 掺量下改性沥青的老化动力学参数,见表 5-19 和图 5-21。

不同 DCLR 掺量改性沥青的老化动力学参数　　　　表 5-19

DCLR 掺量(%)	老化温度(℃)	$k(10^{-3}/\mathrm{h})$	相关系数 R^2	$A(10^{-3}/\mathrm{h})$	$E_\mathrm{a}(\mathrm{kJ/mol})$
	150	7.36	0.9999		
0	163	11.22	0.9999	10.28	49.84
	180	18.78	0.9999		
	150	7.82	0.9999		
4	163	11.63	0.9999	5.35	47.33
	180	19.03	0.9999		

续上表

DCLR 掺量(%)	老化温度(℃)	$k(10^{-3}/h)$	相关系数 R^2	$A(10^{-3}/h)$	$E_a(kJ/mol)$
6	150	7.91	0.9999	5.06	47.09
	163	11.83	0.9998		
	180	19.17	0.9999		
8	150	8.29	0.9990	3.61	45.23
	163	12.00	0.9991		
	180	19.57	0.9987		
10	150	8.46	0.9999	3.53	45.19
	163	12.11	0.9994		
	180	19.75	0.9985		

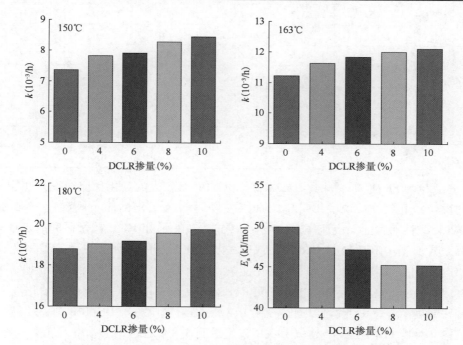

图 5-21　不同 DCLR 掺量改性沥青的老化动力学参数

由表 5-19 和图 5-21 可知:

(1) DCLR 改性沥青的老化过程符合一级老化动力学反应,同时利用以软化点为参数的老化动力学方程可以准确地表征 DCLR 改性沥青的老化反应过程(表 5-20),预测不同 DCLR 掺量改性沥青在 175℃下软化点的误差为 ±0.4℃,

93

且试验方法简单可行。

不同 DCLR 掺量改性沥青软化点随老化温度的变化（175℃）　　表 5-20

DCLR 掺量（％）	软化点（℃）	老化时间(h)				
		0	5	10	15	20
0	实测值	45.5	49.3	53.5	58.2	62.9
	计算值	45.5	49.4	53.5	58.0	62.9
	误差值	0.0	−0.1	0.0	0.2	0.0
4	实测值	51.5	56.2	60.9	66.0	71.7
	计算值	51.5	56.0	60.8	66.0	71.7
	误差值	0.0	0.2	0.2	0.0	0.0
6	实测值	53.2	57.7	62.9	68.5	74.4
	计算值	53.2	57.8	62.9	68.3	74.3
	误差值	0.0	−0.1	0.0	0.2	0.1
8	实测值	55.5	60.9	67.3	74.4	81.8
	计算值	55.5	61.2	67.5	74.5	82.1
	误差值	0.0	−0.3	−0.2	−0.1	−0.3
10	实测值	56.0	61.5	67.5	74.8	82.2
	计算值	56.0	61.7	67.9	74.8	82.4
	误差值	0.0	−0.2	−0.4	0.0	−0.2

（2）与 SK-90 沥青相比，DCLR 改性沥青具有较大的老化反应速率 k 和较小的反应活化能 E_a，说明 DCLR 的加入使沥青的抗老化性能不断变差。同时，DCLR 改性沥青的反应速率 k 和反应活化能 E_a 在不同 DCLR 掺量区间内表现略有差异。当 DCLR 掺量在 6％ 之内时，虽然 DCLR 改性沥青的反应速率 k 随 DCLR 掺量的提高而增大，反应活化能 E_a 随 DCLR 掺量的提高而减小，但是与 SK-90 沥青相差不大；当 DCLR 掺量超过 8％ 时，其反应速率 k 和反应活化能 E_a 变化幅度明显。因此，可以通过控制 DCLR 掺量，减小由于 DCLR 的加入对沥青抗老化性能的不利影响，建议 DCLR 掺量控制在 8％ 之内。

5.4.2　基于微观结构的 DCLR 改性沥青抗老化性能

1）四组分及胶体结构

为揭示 DCLR 改性沥青在老化过程中四组分及胶体结构的变化规律，对原样阶段、RTFOT 阶段、RTFOT + PAV 阶段后的 DCLR 改性沥青进行四组分的测定,并计算其胶体不稳定系数 I_c,试验结果见表5-21。

不同老化阶段下 DCLR 改性沥青的组分   表 5-21

DCLR 掺量(%)	老化方式	饱和分(%)	芳香分(%)	胶质(%)	沥青质(%)	I_c
0	原样	11.50	51.40	25.10	12.00	0.31
	RTFOT	9.90	44.20	30.90	15.00	0.33
	RTFOT + PAV	9.10	39.80	33.60	17.50	0.36
4	原样	9.90	45.60	28.70	15.80	0.35
	RTFOT	9.70	39.60	33.80	16.90	0.36
	RTFOT + PAV	9.60	36.90	34.40	19.10	0.40
6	原样	10.30	43.80	29.70	16.20	0.38
	RTFOT	9.70	37.80	34.40	18.10	0.39
	RTFOT + PAV	9.50	35.20	34.70	20.60	0.43
8	原样	10.50	41.80	30.10	17.60	0.39
	RTFOT	10.10	36.30	34.80	18.80	0.41
	RTFOT + PAV	9.60	33.30	35.70	21.40	0.45
10	原样	9.70	39.70	31.70	18.90	0.40
	RTFOT	9.30	35.30	35.20	20.20	0.42
	RTFOT + PAV	9.10	31.40	36.40	23.10	0.47

由表5-21可知:

(1)随着沥青的老化,不同 DCLR 掺量改性沥青的饱和分、芳香分含量相对减小,胶质、沥青质含量增多。这主要是由于饱和分属烃类物质,芳香分属芳香化合物,在老化过程中,这两种物质转化为胶质,伴随着老化反应的继续进行,进而转化为沥青质。随着老化反应的不断进行,DCLR 改性沥青的沥青质含量越来越高,包裹沥青质的胶质数量明显不足,导致无法胶融。过多的沥青质会聚集并结合在一起,形成不规则的网状结构,促使 DCLR 改性沥青由凝溶胶结构向凝胶结构不断转变。

(2)由于沥青的老化且随着老化过程的不断持续,不同 DCLR 掺量改性沥青的胶体不稳定系数 I_c 值不断变大,说明其胶体结构越来越不稳定。

2)红外光谱

沥青老化主要是由沥青氧化引起的,从官能团角度来分析,主要表现为羰基浓度的增加。根据红外光谱试验结果,羰基(C ═O)出现的波数通常在 1550 ~ 1900cm^{-1},利用吸光度的大小来表示羰基的浓度。因此,可利用 RTFOT 前、后羰基吸收峰的峰面积变化来定量评价 DCLR 改性沥青的老化程度。红外光谱的试验结果如图 5-22 所示。

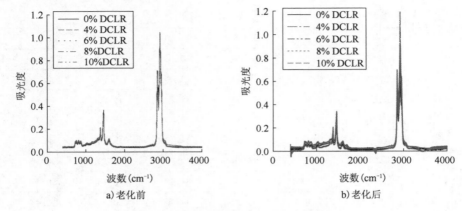

a) 老化前　　　　　　　　　　　　b) 老化后

图 5-22　DCLR 改性沥青老化前后的官能团

随着沥青老化过程的进行,DCLR 改性沥青羰基的浓度增大,通过 OMNIC 处理软件得到不同 DCLR 掺量改性沥青在 1600cm^{-1} 处羰基吸收峰的峰面积,并用老化后的峰面积与老化前的峰面积的比值来评价 DCLR 改性沥青的老化程度。试验结果见表 5-22。

不同 DCLR 掺量改性沥青老化前后的羰基峰面积　　　　　　表 5-22

DCLR 掺量(%)	老化前羰基峰面积	老化后羰基峰面积	老化后/老化前
0	0.008	0.014	1.750
4	0.012	0.021	1.750
6	0.016	0.029	1.813
8	0.019	0.037	1.947
10	0.021	0.043	2.048

由表 5-22 可知:由于沥青的老化,DCLR 改性沥青中的羰基含量增加,表现为羰基峰面积的增大,SK-90 沥青老化前、后的羰基峰面积由 0.008 增加至 0.014,提高了 75.00%。相比 SK-90 沥青,不同 DCLR 掺量下改性沥青老化前、后峰面积的增加幅度随 DCLR 掺量的增加而增大,如 4%、6%、8%、10% DCLR 掺量的改性沥青老化前、后羰基峰面积分别增加了 75.00%、81.25%、94.74% 和 104.76%。通过对比老化后羰基峰面积与老化前羰基峰面积的比值不难发现,随着 DCLR 掺量的增加,其峰面积比值不断增大,说明 DCLR 改性沥青抗老化性能不断变差。

5.5 煤直接液化残渣改性沥青低温性能的改善

DCLR 的加入显著提高了沥青的高温和感温性能,但会对其低温产生负面影响。从赋予沥青柔性和改善组分的角度考虑,通过向 DCLR 改性沥青中添加 SBS、橡胶粉、增容剂等制备复合 DCLR 改性沥青,进而改善 DCLR 改性沥青的低温性能。本节主要利用在 DCLR 改性沥青中添加 SBS、橡胶粉、增容剂等制备复合 DCLR 改性沥青,研究其对 DCLR 改性沥青低温性能的改善效果。

5.5.1 SBS 或橡胶粉对 DCLR 改性沥青低温性能的改善

选用的 SBS 为岳阳石化 SBS-791,橡胶粉为汽车子午线轮胎胶粉,粒径为 0.15mm,其中 SBS 的嵌段比为 40:60,拉伸强度大于 12MPa,扯断伸长率大于 650%,密度为 0.3g/cm³,总苯乙烯质量分数为 29%~33%,充油率为 0%。

橡胶粉的相对密度为 1.13,含水率低于 0.65%,金属质量分数低于0.01%,纤维质量分数低于 0.11%。

1)SBS 或橡胶粉与 DCLR 改性沥青的制备

SBS 与 DCLR 改性沥青的制备工艺为:首先,称取一定质量的 5% DCLR 改性沥青,加热至 160℃,使其成为流动状态。其次,分别加入与基质沥青质量比为 2%、3% 和 4% 的 SBS 与 DCLR 改性沥青进行共混,在 190℃ 下低速剪切(4000r/min)0.5h。最后,将复合 DCLR 改性沥青在 180℃ 下发育 0.5h。

橡胶粉与 DCLR 改性沥青的制备工艺为:首先,称取一定质量的 5% DCLR 改性沥青,加热至 160℃,使其成为流动状态。其次,分别加入与基质沥青质量比为 10%、15% 和 20% 的橡胶粉与 DCLR 改性沥青进行共混,在 190℃ 下低速剪切(4000r/min)1h。最后,将复合 DCLR 改性沥青在 180℃ 下发育 0.5h。

2)SBS 或橡胶粉与 DCLR 改性沥青的低温性能

根据《公路工程沥青及沥青混合料试验规程》(JTG E20—2011)中的相关规定对加入 SBS 或橡胶粉的 DCLR 改性沥青进行 5℃ 延度测试,见表 5-23。通过扫描电镜分别观测 SK-90 沥青、DCLR 改性沥青、SBS 或橡胶粉复合 DCLR 改性沥青共混后在 50μm 的微观结构形态,如图 5-23 所示。

SBS 或橡胶粉与 DCLR 改性沥青共混后的 5℃延度   表 5-23

指标	5% DCLR 改性沥青	SBS 掺量（%）			橡胶粉掺量（%）		
		2	3	4	10	15	20
延度（cm）	3.0	9.2	5.1	3.9	5.6	8.1	4.3

a）SK-90沥青

b）DCLR改性沥青

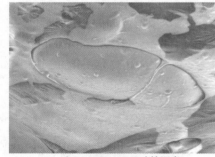

c）2%SBS+ DCLR改性沥青

d）15%橡胶粉+DCLR改性沥青

图 5-23   SK-90、DCLR 改性沥青和复合 DCLR 改性沥青共混后的 SEM 图

由表 5-23 和图 5-23 可知：

（1）SK-90 沥青微观表面形态比较均匀，颜色呈单一的灰黑色。与 SK-90 沥青相比，DCLR 改性沥青微观表面形态呈现许多银纹和剪切带，并有部分颗粒状破裂形态，此形态下 DCLR 与沥青共混物具有不均一性，交联性不好，从而导致延展度和低温性能差。

（2）随着 SBS 或橡胶粉掺量的增大，DCLR 改性沥青延度均出现了先升高后降低的现象，这说明加入少量的 SBS（掺量低于 3%）或橡胶粉（掺量低于 15%）可以提高 DCLR 改性沥青的低温性能。但如果 SBS 或橡胶粉掺量过高，对改性沥青低温性能的改善作用不明显，甚至起不到改善作用。

（3）当 DCLR 改性沥青中添加少量的 SBS 时，在高速剪切仪的作用下，SBS

吸收沥青中的软组分,呈网状结构在沥青中均匀分散,DCLR 改性沥青为连续相,SBS 改性剂为分散相。在低温环境条件下,这些网状结构相互交联,形成亚均相结构,因而具有很强的吸附沥青能力且两者之间融合较好,呈现表面均匀的特性,增强了 DCLR 改性沥青的弹性和塑形,进而提高了 DCLR 改性沥青的低温性能。而当 SBS 掺量比较高时,过多的 SBS 难以在沥青中形成网状结构,只是起到填充作用,所以沥青的弹性有可能受到损伤,进而造成 DCLR 改性沥青低温性能的降低。

（4）当 DCLR 改性沥青中添加少量的橡胶粉时,在高速剪切仪的作用下,橡胶粉颗粒与沥青质界面充分结合形成分散质,黏结性较佳。当橡胶粉掺量增加到一定值时,橡胶粉在沥青中分散得不均匀,会形成橡胶粉颗粒小集团。橡胶粉小集团主要依靠分散介质的内部压力维持,不能与沥青质界面充分接触,其黏结性能较差,故橡胶粉掺量越多反而会造成沥青低温性能下降。

5.5.2　SBS 和橡胶粉复合对 DCLR 改性沥青低温性能的改善

由于上述 SBS 或橡胶粉对 DCLR 改性沥青低温性能改善效果有限,本书进一步采用 SBS 和橡胶粉复合对 DCLR 改性沥青继续进行改性。

1）SBS 和橡胶粉复合 DCLR 改性沥青的制备

首先,称取一定质量的 5% DCLR 改性沥青,加热至 160℃,使其成为流动状态。其次,加入一定掺量的 SBS（SBS 与基质沥青质量比）与 DCLR 改性沥青进行共混,在 190℃下低速剪切（4000r/min）0.5h。第三,加入一定掺量的橡胶粉（橡胶粉与基质沥青质量比）与沥青进行共混,在 190℃下低速剪切（4000r/min）1h。最后,将复合 DCLR 改性沥青在 180℃下发育 0.5h。

2）SBS 和橡胶粉复合 DCLR 改性沥青的低温性能

根据《公路工程沥青及沥青混合料试验规程》（JTG E20—2011）中的相关规定对加入 SBS 和橡胶粉的复合 DCLR 改性沥青进行 5℃延度测试,见表 5-24。通过扫描电镜分别观测 SBS 和橡胶粉对 DCLR 改性沥青二次复合改性后在 20μm 的微观结构形态,如图 5-24 所示。

SBS 和橡胶粉与 DCLR 改性沥青共混后的性能　　表 5-24

指　　标	SBS + 橡胶粉掺量（%）				技术指标（SBS 改性沥青 I-D）
	2 + 15	2 + 20	3 + 15	3 + 20	
5℃延度（cm）	28.7	10.3	22.8	7.5	≥20

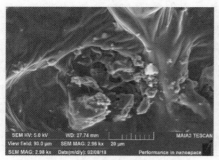
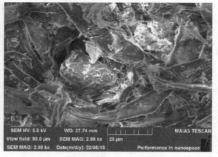

a) 2%SBS+15%橡胶粉+DCLR改性沥青   b) 2%SBS+20%橡胶粉+DCLR改性沥青

图 5-24   SBS 和橡胶粉与 DCLR 改性沥青共混后的 SEM 图

由表 5-24 和图 5-24 可知:

(1)当加入 2% SBS 和 15% 橡胶粉或 3% SBS 和 15% 橡胶粉时,DCLR 改性沥青的延度值基本上能满足 SBS 改性沥青 I-D 的技术要求,较 SBS 或橡胶粉对 DCLR 改性沥青低温性能改善提升约 1 倍,这说明 SBS 和橡胶粉能很好地改善 DCLR 改性沥青的低温性能。

(2)橡胶粉颗粒在沥青中分散得很均匀,沥青表面形态模糊,说明橡胶粉颗粒和 DCLR 改性沥青有非常好的共混效果。由于橡胶粉颗粒本身表面粗糙,细小孔隙多,比表面积大,使得橡胶粉颗粒容易吸附沥青中的轻组分,被沥青完全包裹,进而橡胶粉和沥青之间紧密结合,分子力增大,提高沥青的黏聚力。同时,SBS 也均匀地分散在 DCLR 改性沥青中并生成网状结构,网状结构之间相互交联,增强了 DCLR 改性沥青的弹性和塑形,进而提高了 DCLR 改性沥青的低温性能。

(3)在 SBS 和橡胶粉中,加入 2% SBS 和 15% 橡胶粉的 DCLR 改性沥青的低温性能最好。如果复合改性剂中的橡胶粉掺量大于 15% ,其低温性能明显下降。这说明橡胶粉掺量为 15% 比较合适,适量的橡胶粉颗粒不但在沥青中分布松散且均匀,而且能够吸收沥青中的软组分,最终形成沥青和橡胶粉相融合的连续体系,在进一步提高 DCLR 改性沥青的高温性能同时也改善了其低温性能。如果橡胶粉掺量过高,橡胶粉的分散性开始变差,有部分橡胶粉在沥青中形成橡胶粉小团,进而影响其对 DCLR 改性沥青的低温改善效果。

5.5.3   增容剂对 DCLR 改性沥青低温性能的改善

1)增容剂的基本性能

采用的增容剂主要有芳烃油、煤油、苯甲醛、硅烷偶联剂和二甲苯 5 种类型。

（1）芳烃油。

芳烃油是一种分子中含有苯环结构的碳氢化合物,具有较高的芳烃含量和闪点,属于无毒、无污染、无任何刺激性气味的安全环保型增容剂。选用的芳烃油的相关性能见表2-25。

芳 烃 油 性 能　　　　　　　　　　　表 5-25

项　　目	指　　标
开口闪点（℃）	≥230
运动黏度（mPa·s）	30 ~ 50
芳烃含量（%）	≥85
灰分（%）	<0.05
比重	1.02

（2）煤油。

煤油是将原油经过一系列分馏、裂解等多道工序加工炼制而成的,可以填充在胶体颗粒周围,类似于沥青中本身的软组分（芳香分 + 油分）,起到一种分散介质或者柔性剂的作用。选用的煤油的相关性能见表5-26。

煤 油 性 能　　　　　　　　　　　表 5-26

项　　目	指　　标	检 验 结 果
外观	无色液体	无色液体
沸点范围（℃）	130.0 ~ 250.4	130.0 ~ 250.4
折射率 n20（D）	1.436 ~ 1.446	1.443900

（3）硅烷偶联剂。

硅烷偶联剂属于分子量较低的一种硅化物,在其分子结构中含有多种特殊基团,可以将不同种类、不同分子结构特征及相容性较差的两种物质在两相界面起到一个连接作用。选用的硅烷偶联剂的相关性能见表5-27。

硅 烷 偶 联 剂 性 能　　　　　　　　　　　表 5-27

项　　目	指　　标
含量（%）	≥98
色度（°）	≤25
20℃密度（g/mL）	0.940 ~ 0.950
折射率 n20（D）	1.418 ~ 1.428

（4）苯甲醛。

苯甲醛（C_6H_6CO）是 C_6H_6 上的 H 元素被醛基置换后而反应最终生成的一种有机化合物,其中所特有的醛基可以打开,连接沥青与 DCLR 中的芳环发生缩合反应,提高两者的相容性。选用的苯甲醛相关性能见表5-28。

苯 甲 醛 性 能   表5-28

项　　目	指　　标
沸点(℃)	178.0 ~ 180.0
苯甲酸(C₇H₆O₂)(%)	≤0.5
氯化物(Cl⁻)(%)	≤0.05
含量(%)	≥98.5
20℃密度(g/mL)	1.044 ~ 1.047

（5）二甲苯。

二甲苯是一种由苯环上的 H 元素被甲基所替换得到的异构体混合物,可以溶解 DCLR 改性沥青中过多的沥青质,使胶体结构趋于平衡。同时二甲苯的加入还可以破坏 DCLR 中的大分子骨架结构,使其发生充分溶胀,利于其在沥青中的分散。选用的二甲苯的相关性能见表5-29。

二 甲 苯 性 能   表5-29

项　　目	指　　标
折射率 n20(D)	1.497
熔点(℃)	<0
沸点(℃)	137.0 ~ 140.0
25℃密度(g/mL)	0.86

2）增容剂与 DCLR 改性沥青的制备

增容剂与 DCLR 改性沥青的制备工艺为:首先,称取一定质量的5% DCLR改性沥青,加热至160℃,使其成为流动状态。其次,加入与 DCLR 改性沥青质量比为 6.0% 的芳烃油,人工搅拌即可制备芳烃油-DCLR 改性沥青;或加入与DCLR 改性沥青质量比为 2.5% 的煤油,人工搅拌即可制备煤油-DCLR 改性沥青;或分别加入与 DCLR 改性沥青质量比为 2.0% 的苯甲醛、硅烷偶联剂和二甲苯,在 160℃下低速剪切(4000r/min)45min,即可制备苯甲醛-DCLR 改性沥青、硅烷偶联剂-DCLR 改性沥青和二甲苯-DCLR 改性沥青。

3）增容剂复合 DCLR 改性沥青的低温性能

按照 AASHTO TP 113-15 中的相关规定,利用双边缺口拉伸(DENT)试验对加入不同增容剂后的 DCLR 改性沥青老化残留物进行试样的制备及测试,可以得到不同 DCLR 复合改性沥青在不同韧带长度下的荷载-位移曲线图,如图 5-25所示。其中,DENT 试验是基于断裂力学中基本断裂功理论的沥青抗延性拉伸性能试验手段,来表征沥青在受约束条件下的抗拉伸断裂性能,基于热动力学理论对整个拉伸过程中的能量进行分析。利用计算得出的临界裂纹张开位移 CTOD 值对沥青在延性状态下的容许应变进行评价,CTOD 值可以准确判断不同温度下沥青的低温特性。

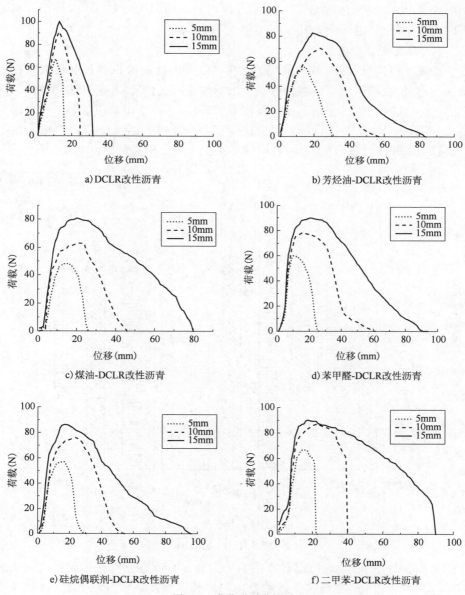

图 5-25　荷载-位移曲线图

103

从图 5-25 可以看出,加入不同增容剂后 DCLR 复合改性沥青的荷载-位移曲线在整个拉伸过程的变化存在一些差别,比较明显的是不同沥青拉伸至断裂时的最大拉伸长度不同、拉伸曲线的变化趋势不同(尤其是拉伸曲线的后半段)以及曲线最高点的峰值荷载不同。说明不同增容剂的加入对 DCLR 改性沥青有着不同的作用效果,进而会对其拉伸性能产生一定影响。

(1)弹性变形阶段。

在整个拉伸过程中的初始阶段,存在一段拉力与对应拉伸长度近似呈比例增加的直线,在该阶段荷载随拉伸长度的增加也随之快速增加,在达到峰值荷载之前,这一阶段沥青的变形还属于可恢复状态,即弹性变形阶段。弹性变形阶段越长,说明复合 DCLR 改性沥青的柔韧性相对越好。图 5-26 为弹性变形阶段不同复合 DCLR 改性沥青的拉伸时间,即达到最大屈服荷载的时间。

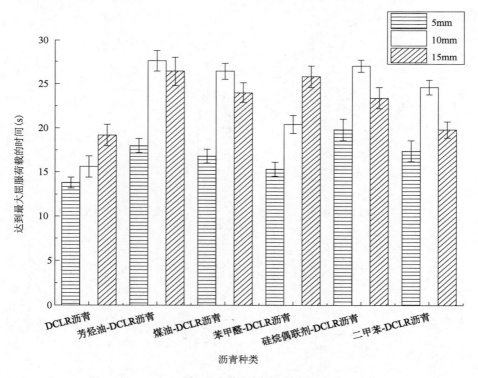

图 5-26 弹性阶段的时间

从图 5-25 及图 5-26 可以看出:6 种 DCLR 复合改性沥青在达到峰值荷载之前的弹性阶段,其荷载-位移曲线的变化趋势基本保持一致,拉力值总体呈线性快速上升,在较短的时间内拉力达到曲线最高点即峰值荷载。对这一阶段的数据进行分析可以看出,增容剂的加入不同程度地提高了 DCLR 改性沥青处于弹性变形阶段的时间,与不加增容剂的 DCLR 改性沥青相比,5mm、10mm、15mm 不同双边缺口韧带长度对应的不同种类沥青,其处在弹性变形阶段的时间分别提升了 30.4%、66.9%、37.5%(芳烃油-DCLR 改性沥青),21.7%、59.2%、25%(煤油-DCLR 改性沥青),3.8%、6.7%、23.5%(苯甲醛-DCLR 改性沥青),23.1%、60%、12%(硅烷偶联剂-DCLR 改性沥青)和 15.3%、46%、4.9%(二甲苯-DCLR 改性沥青)。说明增容剂的加入增强了沥青内分子链段小范围伸张的能力,使得 DCLR 改性沥青的宏观弹性变形特性得到了不同程度的提升,拉伸柔韧性增加。

(2)峰值荷载。

当拉力增加持续到一定程度时,复合 DCLR 改性沥青的弹性变形开始达到极限状态,复合 DCLR 改性沥青本身的强度已经无法承受进一步增大的拉力,由于自身内部产生的过大应力导致复合 DCLR 改性沥青逐渐发生初始破坏。

从图 5-27 可以看出,未加入增容剂的 DCLR 改性沥青,每个韧带长度对应的峰值荷载都偏大,而加入增容剂的其他 5 种 DCLR 改性沥青,其峰值荷载出现不同程度的降低,与 DCLR 改性沥青相比,5mm、10mm、15mm 不同双边缺口韧带长度对应的不同种类沥青峰值荷载分别降低了 18.7%、21.5%、18.3%(芳烃油-DCLR 改性沥青),15.1%、20.9%、18.5%(煤油-DCLR 改性沥青),11%、13%、10%(苯甲醛-DCLR 改性沥青),15.5%、16%、14%(硅烷偶联剂-DCLR 改性沥青)和 0.8%、4.5%、9.7%(二甲苯-DCLR 改性沥青)。说明增容剂可以降低 DCLR 改性沥青的低温劲度,减小了分子链段伸张阻力,避免在内部产生过大应力,从而有效阻止 DCLR 改性沥青内部微细小裂纹的出现与进一步蔓延发展,同时在一定程度上可以起到软化沥青的效果,以避免在内部发生过大的应力集中现象而加剧 DCLR 改性沥青在不利环境下可能发生的开裂。

(3)屈服颈缩阶段。

当经过曲线最高点峰值荷载后,拉力不再继续增加,此时复合 DCLR 改性沥青内分子链已被拉伸到极限临界状态,原有的物理交联点逐渐被破坏,之后复合 DCLR 改性沥青继续伸长所反映的拉力值几乎完全由沥青内部自身的内摩阻力来提供,但是由于这种简单的内摩阻力要远小于原沥青分子链段伸缩产生的应力,因此在这一阶段沥青试样拉力普遍下降较快,受拉伸区域沥青试样截面积也逐渐收缩减小,发生宏观意义上的屈服。

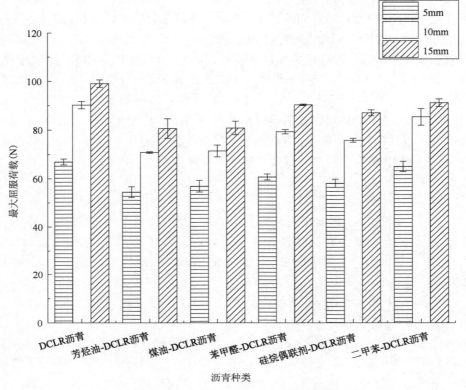

图 5-27　DCLR 改性沥青的峰值荷载

从图 5-25 及图 5-28 可以看出：与未添加增容剂的 DCLR 改性沥青相比，其他 5 种复合 DCLR 改性沥青从拉伸开始直至最后破坏断裂时的最大拉伸长度均有了不同程度的延长。同时，对于未添加增容剂的 DCLR 改性沥青，在经历荷载-位移曲线的最高点，也就是峰值荷载后，其拉力值下降趋势明显，5mm、10mm、15mm 不同双边缺口韧带长度的试样从峰值荷载下降为 0 的时间分别为 6s、14s、20s，处在屈服阶段的时间相对较短，这主要是因为在持续的拉伸过程中 DCLR 改性沥青分子链段沿着受力方向的自然延展跟不上试样被仪器拉伸的速度，无法产生高弹高韧的塑性变形，从而导致出现高模量低弹性的脆断。而另外 5 种加入不同增容剂的 DCLR 改性沥青，5mm、10mm、15mm 不同韧带长度对应的峰值荷载下降为 0 的时间得到了不同程度延长，说明增容剂的加入降低了 DCLR 改性沥青的低温劲度，使其柔韧性增加，避免在拉伸后期试样不能承受抵抗外力破坏的能力而发生突然性的脆性断裂。

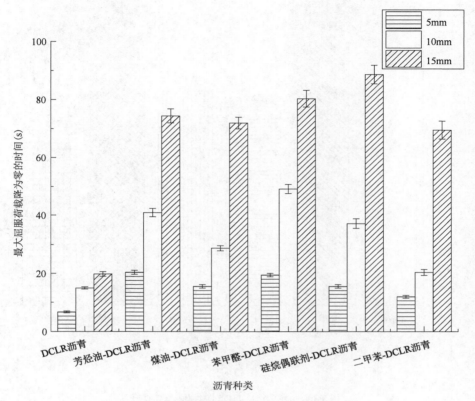

图 5-28 峰值荷载降为 0 的时间

图 5-29 为计算得到的不同复合 DCLR 改性沥青的 CTOD 值。

从图 5-29 可以看出,相比不加入增容剂的 DCLR 改性沥青,其他 5 种分别加入芳烃油、煤油、苯甲醛、硅烷偶联剂以及二甲苯的 DCLR 改性沥青,其各自 CTOD 值有了不同程度的提高,CTOD 值分别增大了 5.5mm、2.4mm、3.1mm、4.5mm 和 0.74mm,增长幅度分别可以达到约 75.8%、33.1%、43.0%、63.0% 和 10.0%。说明这几类增容剂的加入增强了 DCLR 改性沥青的低温抗开裂能力,在外加增容剂的作用下可以进一步提高沥青的拉伸柔韧性,同时避免 DCLR 的聚集而产生的应力集中现象,阻止沥青在低温环境中因应力分布不均造成微细小裂纹的产生与进一步发展。

综上,不同增容剂对 DCLR 改性沥青低温特性改善效果优劣排序为:芳烃油 > 硅烷偶联剂 > 苯甲醛 > 煤油 > 二甲苯。

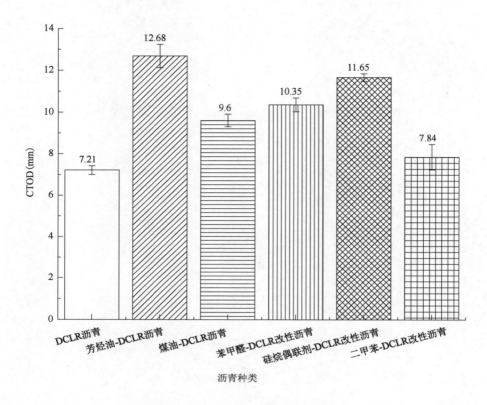

图 5-29　6 种复合 DCLR 改性沥青的 CTOD 值

　　沥青宏观性能的变化规律在很大程度上取决于其内部微观结构,为了探究不同增容剂加入后对 DCLR 改性沥青微观形貌的作用效果,采用扫描电镜(Scanning Electron Microscope,SEM)对 6 种复合 DCLR 改性沥青进行试验分析,放大倍数为 1000 倍,来观察不同复合 DCLR 改性沥青的微观结构。图 5-30 为基质石油沥青以及 6 种复合 DCLR 改性沥青的 SEM 图像。

　　从图 5-30 可以看出:

　　(1)图 5-30a)基质石油沥青所反映的 SEM 图像呈现出仅有沥青一种相态存在的单一均匀相,未见其他明显存在的突出物质,而对于加入 DCLR 后制备而成的 DCLR 改性沥青来说,在沥青相中出现了 DCLR 大固体颗粒,呈现出与基质石油沥青不同的微观结构状态。同时,还可以看出不同增容剂的加入对 DCLR 在沥青中的作用效果不同,其各自的微观形貌图存在差别。

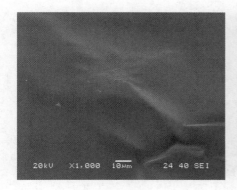

a) 基质沥青 b) DCLR改性沥青

c) 煤油-DCLR改性沥青 d) 苯甲醛-DCLR改性沥青

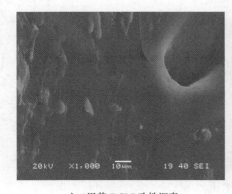

e) 二甲苯-DCLR改性沥青 f) 硅烷偶联剂-DCLR改性沥青

图　5-30

109

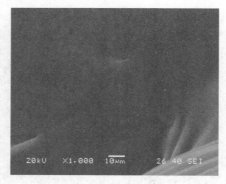

g）芳烃油-DCLR改性沥青

图 5-30　6 种复合 DCLR 改性沥青的扫描电镜图

（2）由图 5-30b）可知，对于没有掺入增容剂的 DCLR 改性沥青，DCLR 在基质沥青中的分散状态较差，能明显看到大大小小的 DCLR 颗粒团在整个沥青相的不同位置分别聚集在一起，形成"抱团"，破坏了沥青体系的均匀稳定性；与此同时，在很多位置还能明显看出 DCLR 与沥青这两种物质存在"格格不入"的界面分界层，这种两相界面层很容易在外界气温骤降时产生的温度应力作用下导致突出的应力集中现象，将加剧沥青微裂纹的发展蔓延，最终造成沥青路面发生宏观开裂。因此，如果 DCLR 与基质沥青相容性不好，DCLR 在沥青中无法很好地均匀稳定分散，是导致 DCLR 改性沥青低温缺陷的重要因素之一。

（3）由图 5-30c）～g）能够分别看出，对于煤油-DCLR 改性沥青及二甲苯-DCLR 改性沥青，增容剂的加入对 DCLR 在沥青中的分布情况虽稍有一些改善，但是与 DCLR 改性沥青相比，作用效果直观上看去差别并不明显，从各自的 SEM 图中依然可以看出 DCLR 的大颗粒聚集成团以及 DCLR、沥青相之间存在明显的界面层，此时无法准确判断出煤油、二甲苯这两种物质对 DCLR 改性沥青的作用程度。而对于芳烃油-DCLR 改性沥青、苯甲醛-DCLR 改性沥青和硅烷偶联剂-DCLR 改性沥青，可以看出这三种沥青中的 DCLR，其各自分散状况有了很大改善，在 DCLR 改性沥青中原有存在的大颗粒聚集成团现象明显减轻，而且原有突出尖锐的界面分界层已经变得模糊，DCLR 在沥青相中已被细化为微小颗粒，均匀分布在各处，保证了 DCLR 改性沥青体系的均匀稳定性，同时有效地避免了由于 DCLR 的过度团聚而可能造成的应力集中现象，导致沥青路面开裂。

综上，不同增容剂对 DCLR 改性沥青低温特性改善效果优劣排序为：芳烃油＞硅烷偶联剂＞苯甲醛＞煤油＞二甲苯。

5.6 本章小结

本书采用宏、微观结合的手段,表征了不同 DCLR 掺量下改性沥青的基本性能、流变性能、感温性能以及抗老化性能,同时,采用 SBS、橡胶粉或增容剂对 DCLR 改性沥青进行复合改性,改善其的低温性能,得到如下主要结论:

(1)对不同掺量的 DCLR 改性沥青进行性能评价,发现 DCLR 的加入可以改善沥青的高温性能,但对其低温性能有所损伤。DCLR 掺量越高,DCLR 改性沥青的高温性能越强,低温和疲劳性能越差,其适用范围越来越小。

(2)结合 CAM 模型对 DCLR 改性沥青进行复数模量 G^* 主曲线的模拟,表明 DCLR 掺量越高,DCLR 改性沥青的抵抗流动变形能力越高,但低温性能越差。

(3)采用 PI、PVN、VTS、GTS、STS 五个指标共同评价 DCLR 改性沥青的感温性能,发现 DCLR 可以改善沥青的感温性能,DCLR 掺量越高,DCLR 改性沥青的感温性能越好。

(4)基于老化动力学和 DCLR 改性沥青的微观结构,发现 DCLR 改性沥青的老化过程属于一级老化反应,建立了以软化点为参数的一级老化动力学方程。DCLR 掺量越高,DCLR 改性沥青的抗老化性能越差。

(5)在 DCLR 改性沥青中加入 SBS、橡胶粉或增容剂可以提高 DCLR 改性沥青的低温性能,对其低温性能有明显的改善,相对而言,增容剂的添加效果要好于 SBS 或橡胶粉。

(6)结合 DCLR 改性沥青的基本性能、流变性能、感温性能以及抗老化性能,发现当 DCLR 掺量控制在 6% ~8% 时,可以将 DCLR 改性沥青用于沥青路面的中、下面层(抗车辙结构层)或者用于沥青稳定基层。

本章参考文献

[1] Standard Test Method for Determining the Rheological Properties of Asphalt Binder Using a Dynamic Shear Rheometer (DSR):AASHTO T315[S]. West Conshohocken,PA,USA:AASHTO,2008.

[2] Standard Test Method for Determining the Flexural Creep Stiffness of Asphalt Binder Using the Bending Beam Rheometer (BBR):AASHTO T313[S]. West Conshohocken,PA,USA:AASHTO,2008.

[3] 中华人民共和国交通运输部.公路工程沥青及沥青混合料试验规程:JTG

E20—2011[S].北京:人民交通出版社,2011.

[4] AASHTO TP 113-15, Standard Method of Test for Determination of Asphalt Binder Resistance to Ductile Failure Using Double-Edge-Notched Tension (DENT) Test[S]. Washington,US-AASHTO,2015.

[5] 中华人民共和国交通部.公路沥青路面施工技术规范:JTG F40—2004[S].北京:人民交通出版社, 2004.

[6] Ji Jie, Yao Hui, Yang Xu, et al. Performance analysis of direct coal liquefaction residue (DCLR) and Trinidad lake asphalt (TLA) for the purpose of modifying tradition asphalt[J]. Arabian journal for science and engineering, 2016,41(10):3983-3993.

[7] 季节,石越峰,索智,等.煤直接液化残渣共混改性沥青的性能和微观结构[J].北京工业大学学报,2015,25(07):1049-1053.

[8] Ji J, Zhao Y S, Xu S F. Study on Properties of the Blends with Direct Coal Liquefaction Residue and Asphalt [J]. Applied Mechanics and Materials, 2014,488-489:316-321.

[9] Ji J, Yao H, Zheng W, et al. Preparation and Properties of Asphalt Binders Modified by THFS Extracted From Direct Coal Liquefaction Residue [J]. Applied Sciences,2017,7(11):1155.

[10] 何亮.煤液化残渣复合改性沥青制备及其性能研究[D].西安:长安大学,2013.

[11] 季节,石越峰,索智,等.DCLR与TLA共混改性沥青的性能对比[J].燃料化学学报,2015,43(09):1061-1067.

[12] 季节,石越峰,索智,等.煤直接液化残渣对沥青胶浆黏弹性能的影响[J].交通运输工程学报,2015,15(04):1-8.

[13] 季节,王迪,等.煤直接液化残渣改性沥青及其混合料性能评价[J].郑州大学学报(工学版),2016,37(4):67-71.

[14] 季节,索智,石越峰,等.煤直接液化残渣与沥青共混后的性能试验研究[J].公路交通科技,2016,33(05):33-38.

[15] 季节,石越峰,索智,等.DCLR与TLA改性沥青胶浆的流变性能对比[J].沈阳建筑大学学报(自然科学版),2015,31(06):1041-1048.

[16] 石越峰.煤直接液化残渣改性沥青的制备及其性能研究[D].北京:北京建筑大学,2017.

[17] 董雨明.硬质沥青及其混合料流变特性与低温性能研究[D].哈尔滨:哈尔

滨工业大学, 2015.

[18] 谭忆秋, 郭猛, 曹丽萍. 常用改性剂对沥青黏弹特性的影响[J]. 中国公路学报, 2013, 26(04):7-15.

[19] 王金刚. 无机微粉改性沥青制备及其改性机理研究[D]. 武汉:武汉理工大学, 2009.

[20] 杨娥. 掺量对 TLA 混合沥青的高温性能影响和应用研究[D]. 广州:华南理工大学, 2014.

[21] 董炎明, 张海良. 高分子科学简明教材[M]. 北京:科学出版社, 2008.

[22] 尹应梅. 基于 DMA 法的沥青混合料动态黏弹特性及剪切模量预估方法研究[D]. 广州:华南理工大学, 2011.

[23] Saal R N J, Labout J W A. Rheological Properties of Asphaltic Bitumen[J]. The Journal of Physical Chemistry, 1940, 44(2):149-165.

[24] Mcleod N W. A 4-year Survey of low temperature transverse pavement cracking on three ontario test roads[J]. Proceedings of the Association of Asphalt Paving Technologists, 1972(41):424- 493.

[25] 王立志, 魏建明, 张玉贞. 道路沥青温度敏感性指标的分析与讨论[J]. 科学技术与工程, 2008, 08(21):5793-5798.

[26] Petersen R E, Anderson D A, Button J W. Strategic highway research program SHRP-A-369-binder characterization and evaluation, Volume 3:Physical Characterization[R]. Washington:National Research Council, 1994.

[27] 王岚, 胡江三, 陈刚, 等. 不同改性沥青温度敏感性[J]. 功能材料, 2015, 46(04):4086-4090.

[28] 张敏江, 焦兴华, 陈刚. SBR 改性沥青老化动力性能[J]. 沈阳建筑大学学报(自然科学版), 2009, 25(03):478-481.

[29] Wang Y, Sun L, Qin Y. Aging mechanism of SBS modified asphalt based on chemical reaction kinetics[J]. Construction & Building Materials, 2015, 91:47-56.

[30] Liu G, Glover C J. A study on the oxidation kinetics of warm mix asphalt [J]. Chemical Engineering Journal, 2015, 280:115-120.

[31] Yao H, Dai Q, You Z. Fourier Transform Infrared Spectroscopy characterization of aging-related properties of original and nano-modified asphalt binders[J]. Construction & Building Materials, 2015, 101(01):1078-1087.

[32] Yao H, You Z, Li L, et al. Rheological properties and chemical analysis of nanoclay and carbon microfiber modified asphalt with Fourier transform infrared spectroscopy[J]. Construction & Building Materials, 2013, 38(02): 327-337.

[33] Maria de Fátima A de S Araujo, Lins V D F C, Pasa V M D, et al. Infrared spectroscopy study of photodegradation of polymer modified asphalt binder[J]. Journal of Applied Polymer Science, 2012, 125(04): 3275-3281.

[34] 赵永利, 顾凡, 黄晓明. 基于 FTIR 的 SBS 改性沥青老化特性分析[J]. 建筑材料学报, 2011, 14(05): 620-623.

[35] 余剑英, 庞凌, 吴少鹏. 沥青材料老化与防老化[M]. 武汉: 武汉理工大学出版社, 2012.

[36] 樊钊甫. 基于沥青老化的沥青微观特性基础理论研究[D]. 广州: 华南理工大学, 2016.

[37] Tarefder R, Arifuzzaman M. A Study of Moisture Damage in Plastomeric Polymer Modified Asphalt Binder Using Functionalized AFM Tips[J]. Journal of Systemics Cybernetics & Informatics, 2011, 09(06): 20-29.

[38] Zhao Zhaohui, Xuan Mingqin, Liu Zheng, et al. A Study on Aging Kinetics of Asphalt Based on Softening Point[J]. Petroleum Science & Technology, 2003, 21(09-10): 1575-1582.

[39] 丛玉凤, 廖克俭, 翟玉春. 道路沥青老化动力学的研究——以软化点为参数建立沥青老化动力学模型[J]. 石油炼制与化工, 2005, 36(05): 23-26.

[40] Chávez-Valencia L E, Manzano-Ramírez A, Alonso-Guzmán E, et al. Modelling of the performance of asphalt pavement using response surface methodology—the kinetics of the aging[J]. Building & Environment, 2005, 42(02): 933-939.

[41] 李关龙. SBS/废胶粉复合改性沥青性能的研究[D]. 上海: 华东理工大学, 2016.

[42] G DAirey. Rheological properties of styrene butadiene styrene polymer modified road bitumen[J]. Fuel, 2003, 82: 1709-1719.

[43] Liu Z, Xuan M Q, Zhao Z H, et al. A study of the compatibility between asphalt and SBS[J]. Journal of Petroleum Science and Technology, 2003, 21: 1317-1325.

[44] ChenJ S, Huang C C. Fundamental characterization of SBS-modified asphalt

mixed with sulfur［J］. Journal of applied polymer science, 2007, 103：2817-2825.

［45］ John D Osborn. Reclaimed tire rubber in TPR compounds［J］. Rubber World, 1995,212(2):34.

［46］ 张森. 在压力诱导流动场中无定形聚合物中橡胶相的微观结构调控及其增强增韧机理研究［D］. 上海：东华大学,2013.

［47］ Lu X, Isacsson U. Rheological characterization of styrene-butadiene-styrene copolymer modified bitumen［J］. Construction and Building Materials,1997, 11:23-32.

［48］ 季节,李辉,等. 增容剂对煤直接液化残渣改性沥青低温性能的影响［J］. 燃料化学学报,2019,47(08):925-934.

［49］ 季节,苑志凯,等. 煤直接液化残渣改性沥青低温性能的改进［J］. 中国石油大学学报(自然科学版),2019,43(04):166-173.

［50］ 王萌,李晓林,等. 废胶粉改性沥青的性能研究及增塑剂对改性沥青的性能影响［J］. 中外公路,2016,36(02):266-268.

［51］ 聂忆华,胡静轩. 加拿大沥青改进测力延度试验(DENT)介绍［J］. 中外公路,2018,38(03):242-247.

［52］ Psliukaite M, Assuras M, Silva S C, et. al. Implementation of the double-edge-notched tension test for asphalt cement acceptance［J］. Transportation in Developing Economies, 2017,3(1):6.

［53］ Psliukaite M, Assuras M, Hesp S A M. Effect of recycled engine oil bottoms on the ductile failure properties of straight and polymer-modified asphalt cements［J］. Construction Build Materials, 2016, 126:190-196.

［54］ Aendriescu A, Hesp S, Youtcheff J S. Essential and Plastic Works of Ductile Fracture in Asphalt Binders［M］. 2004.

［55］ H Tabatabaee, Cristian Clopotel, Amir Arshadi,et al. Critical Problems with Using the Asphalt Ductility Test as a Performance Index for Modified Binders ［J］. Transportation Research Record：Journal of the Transportation Research Board, 2013:84-91.

第6章 煤直接液化残渣改性沥青胶浆性能

沥青混合料是一种多级空间网状胶凝结构的分散系。首先,沥青混合料是以粗集料为分散相,以沥青砂浆为分散介质的一种粗分散系;其次,沥青砂浆是以细集料为分散相,沥青胶浆为分散介质的一种细分散系;最后,沥青胶浆是以填料为分散相,以沥青为分散介质的一种微分散系。在各个分散系中,比例不同的分散相与分散介质会导致沥青混合料拥有不同的结构类型,进而影响沥青混合料的性能。

本章首先以 SK-90 沥青为基质沥青,制备 0%、5%、10%、15% 的 DCLR 改性沥青;其次,以 0.6、0.8、1.0、1.2 的粉胶比分别制备不同 DCLR 改性沥青胶浆,并利用 DSR 和 BBR 试验对沥青胶浆性能进行测试;最后,分析不同粉胶比和 DCLR 掺量对沥青胶浆的高、低温性能和疲劳性能的影响,提出最适宜的粉胶比和 DCLR 掺量,以期指导 DCLR 改性沥青混合料的设计。

6.1 煤直接液化残渣改性沥青胶浆的制备

6.1.1 矿粉

根据《公路工程集料试验规程》(JTG E42—2005)中的相关规定对矿粉进行性能测试,见表 6-1。

矿 粉 性 能 表 6-1

试 验 项 目		单 位	技 术 标 准	试 验 结 果
表观密度,不小于		g/cm³	2.5	2.732
含水率,不大于		%	1	0.5
粒度范围	<0.6mm	%	100	100
	<0.15mm	%	90 ~ 100	99.75
	<0.075mm	%	75 ~ 100	88.56
亲水系数		—	<1	0.71
塑性指数		—	<4	2.8

6.1.2 DCLR 改性沥青胶浆的制备

DCLR 改性沥青胶浆的制备工艺为:首先,将 DCLR 加热到 190℃,沥青加热到 120℃,使其为流动状态。其次,使质量比分别为 0%、5%、10%、15% 和 20% 的 DCLR 与沥青混合,用剪切仪在 160℃ 下以 4000r/min 剪切 1.5h,制备 5 种不同的 DCLR 改性沥青。最后,将矿粉加热至 120℃,将质量比分别为 0.6、0.8、1.0 和 1.2 的矿粉与沥青混合,并在 160℃ 下以人工搅拌的方式搅拌 10min,使之均匀。制备流程如图 6-1 所示。

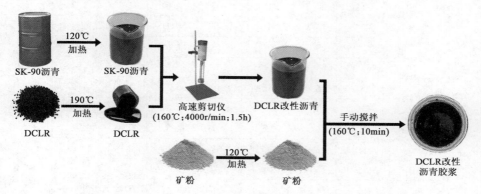

图 6-1 DCLR 改性沥青胶浆制备流程

6.2 煤直接液化残渣改性沥青胶浆高温性能

采用 AR-1500 型高级流变仪,控制模式采用应变控制,角速度采用 10rad/s,在 46~88℃ 范围内,温度间隔为 6℃,对不同 DCLR 改性沥青胶浆在原样和 RTFOT 阶段进行 DSR 试验,试验结果见表 6-2 和表 6-3。

DCLR 改性沥青胶浆在原样阶段的 $G^*/\sin\delta$ 表 6-2

粉胶比	DCLR 掺量 (%)	$G^*/\sin\delta$(kPa)							技术要求
		46℃	52℃	58℃	64℃	70℃	76℃	82℃	
0.6	0	24.83	9.67	3.93	1.69	0.81	0.41	—	≥1.0
	5	45.58	16.61	6.58	2.81	1.32	0.64	—	
	10	67.61	20.73	9.68	3.46	1.86	0.88	—	
	15	160.8	62.61	24.08	9.65	4.17	1.91	—	
	20	192.9	74.54	28.25	11.59	4.79	2.19	—	

粉胶比	DCLR 掺量 (%)	$G^*/\sin\delta$ (kPa)							技术要求
		46℃	52℃	58℃	64℃	70℃	76℃	82℃	
0.8	0	28.39	10.91	4.465	1.96	0.961	0.48	—	≥1.0
	5	48.09	18.08	7.353	3.19	1.496	0.75	—	
	10	115.31	43.17	16.71	6.78	3.02	1.45	—	
	15	202.21	80.41	30.91	12.38	5.36	2.49	1.03	
	20	221.12	88.73	33.68	13.31	5.67	2.65	1.24	
1.0	0	34.79	13.57	5.51	2.487	1.21	0.63	—	≥1.0
	5	52.48	20.32	8.08	3.537	1.65	0.83	—	
	10	145.21	55.32	21.25	8.61	3.81	1.86	—	
	15	238.32	96.03	36.74	15.06	6.52	3.06	1.24	
	20	251.11	116.91	44.77	17.64	7.44	3.44	1.56	
1.2	0	42.31	16.55	6.88	3.08	1.52	0.81	—	≥1.0
	5	61.91	23.64	9.72	4.26	2.04	0.99	—	
	10	175.9	65.42	24.73	10.21	4.63	2.34	—	
	15	266.1	110.4	43.24	17.44	7.55	3.42	1.55	
	20	269.7	129.1	49.48	19.28	8.05	3.65	1.73	

DCLR 改性沥青胶浆在 RTFOT 阶段的 $G^*/\sin\delta$　　表 6-3

粉胶比	DCLR 掺量 (%)	$G^*/\sin\delta$ (kPa)								技术要求
		46℃	52℃	58℃	64℃	70℃	76℃	82℃	88℃	
0.6	0	26.39	10.66	4.18	2.41	1.54	—	—	—	≥2.2
	5	102.01	47.23	18.51	7.703	3.475	1.64	—	—	
	10	139.71	86.22	33.64	13.59	5.85	2.64	1.28	—	
	15	278.01	120.1	48.62	19.81	8.29	3.69	1.69		
	20	545.91	234.9	108.51	46.18	19.93	8.65	3.83	1.85	
0.8	0	62.51	23.3	9.266	3.971	1.776	—	—	—	≥2.2
	5	124.73	47.78	19.02	8.005	3.58	1.69	—	—	
	10	209.52	97.03	38.48	15.54	6.589	2.96	1.44	—	
	15	314.91	141.5	58.14	23.87	9.85	4.36	2.07		
	20	626.41	249.9	115.2	49.08	20.82	8.91	3.99	1.957	

续上表

粉胶比	DCLR 掺量 (%)	$G^*/\sin\delta$ (kPa)								技术要求
		46℃	52℃	58℃	64℃	70℃	76℃	82℃	88℃	
1.0	0	80.56	29.89	11.78	5.016	2.31	1.09	—	—	≥2.2
	5	126.41	54.98	21.79	8.98	3.88	1.78	—	—	
	10	257.11	106.71	41.96	17.12	7.28	3.34	1.66	—	
	15	384.61	170.71	71.01	28.71	12.17	5.391	2.55	1.29	
	20	671.8	266.3	120.3	50.39	21.21	9.219	4.212	2.07	
1.2	0	95.93	37.99	15.04	6.37	2.98	1.45	—	—	≥2.2
	5	144.11	55.17	21.92	9.26	4.03	2.11	—	—	
	10	273.82	111.64	43.18	17.33	7.48	3.48	1.74	—	
	15	442.11	193.32	80.24	32.58	13.73	6.11	2.91	1.54	
	20	701.51	271.42	118.5	51.23	20.96	9.25	4.28	2.18	

6.2.1　DCLR 掺量对 DCLR 改性沥青胶浆高温性能的影响

对在原样和 RTFOT 阶段的不同 DCLR 沥青胶浆的 $G^*/\sin\delta$ 值随 DCLR 掺量的变化进行回归分析发现,DCLR 改性沥青胶浆的 $G^*/\sin\delta$ 与 DCLR 掺量之间均有着较好的线性相关,相关系数基本均在 0.9 以上。其回归方程为 $G^*/\sin\delta = a \cdot P + b$(式中,$G^*/\sin\delta$ 为车辙因子,kPa;P 为 DCLR 掺量,%;a、b 为回归参数)。具体回归参数及相关系数见表6-4。

$G^*/\sin\delta$ 随 DCLR 掺量变化的回归参数及相关系数　　　表6-4

原 样 阶 段					RTOFT 阶 段				
粉胶比	温度(℃)	a	b	R^2	粉胶比	温度(℃)	a	b	R^2
0.6	46	9.03	8.07	0.93	0.6	46	24.30	−24.60	0.88
	52	3.52	1.68	0.88		52	10.27	−1.35	0.92
	58	1.32	1.28	0.91		58	4.71	−3.75	0.87
	64	0.53	0.51	0.89		64	1.97	−1.48	0.85
	70	0.22	0.43	0.92		70	0.82	−0.34	0.82
	76	0.09	0.24	0.92		76	0.43	−1.23	0.83
	82	—	—	—		82	0.26	−1.56	0.87

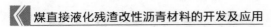

续上表

原 样 阶 段				RTOFT 阶段				
粉胶比	温度(℃)	a	b	R^2	粉胶比	温度(℃)	a	b	R^2
0.8	46	10.79	15.11	0.95	0.8	46	26.36	4.02	0.88
	52	4.35	4.67	0.95		52	10.95	2.30	0.93
	58	1.64	2.23	0.95		58	5.03	−2.38	0.89
	64	0.64	1.15	0.95		64	2.13	−1.24	0.88
	70	0.26	0.64	0.95		70	0.89	−0.39	0.88
	76	0.12	0.35	0.95		76	0.46	−1.34	0.89
	82	0.04	0.38	1.00		82	0.255	−1.33	0.92
1.0	46	12.37	20.68	0.94	1.0	46	28.81	15.96	0.92
	52	5.65	3.95	0.96		52	11.92	5.13	0.95
	58	2.14	1.83	0.96		58	5.38	−0.99	0.92
	64	0.84	1.11	0.96		64	2.23	−0.44	0.91
	70	0.35	0.66	0.96		70	0.93	0.03	0.91
	76	0.16	0.39	0.96		76	0.39	0.15	0.92
	82	0.06	0.28	1.00		82	0.26	−1.02	0.97
	88	—	—	—		88	0.16	−1.05	1.00
1.2	46	13.18	31.39	0.92	1.2	46	30.18	29.66	0.94
	52	6.24	6.65	0.965		52	12.10	12.91	0.95
	58	2.37	3.07	0.95		58	5.30	2.73	0.94
	64	0.91	1.74	0.95		64	2.26	0.75	0.92
	70	0.37	1.04	0.94		70	0.91	0.71	0.93
	76	0.16	0.62	0.94		76	0.39	0.56	0.93
	82	0.04	0.99	1.00		82	0.25	−0.83	0.99
	88	—	—	—		88	0.13	−0.38	1.00

图 6-2 和图 6-3 为不同 DCLR 改性沥青胶浆的 $G^*/\sin\delta$ 值在原样和 RTFOT 阶段随 DCLR 掺量的变化。

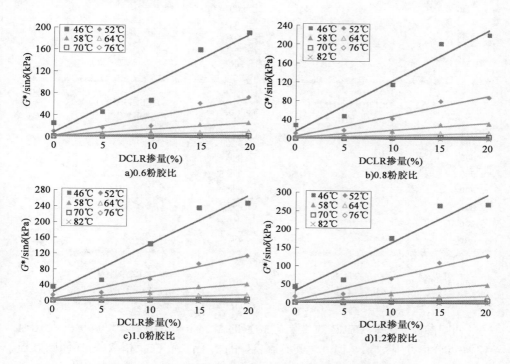

图 6-2　DCLR 改性沥青胶浆 $G^*/\sin\delta$ 在原样阶段随 DCLR 掺量的变化

由表 6-4 和图 6-2、图 6-3 可知：

(1)在原样和 RTFOT 阶段，在同一粉胶比和温度下，DCLR 改性沥青胶浆的 $G^*/\sin\delta$ 值均随 DCLR 掺量的增大呈线性增加，说明 DCLR 的加入能够较好地提高沥青胶浆的抗车辙能力，且 DCLR 的掺量越高，沥青胶浆的高温抗车辙能力越强。

(2)原样阶段下的 DCLR 改性沥青胶浆的 $G^*/\sin\delta$ 值随 DCLR 掺量的增加而增加的幅度明显小于 RTFOT 阶段。如在粉胶比为 0.6、温度为 46℃时，DCLR 掺量从 0% 增加到 20%，原样阶段的 $G^*/\sin\delta$ 值从 24.83kPa 增长到192.9kPa，增加 168.07kPa；而在 RTFOT 阶段 $G^*/\sin\delta$ 值从 26.39kPa 增长到545.91kPa，增加 519.52kPa。这是因为 DCLR 改性沥青胶浆经过老化过程后，基质沥青和 DCLR 中的活性组分吸氧生成的极性含氧基团会逐渐链接成高分子量的胶团，使沥青胶浆变硬、黏度增大，高温抗车辙能力进一步提升。

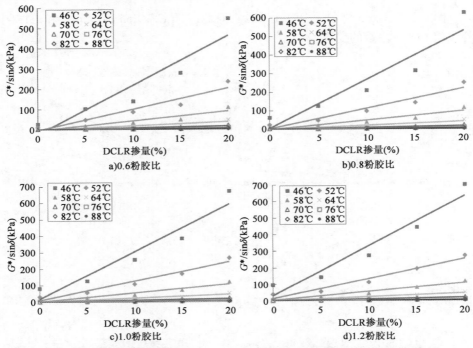

图 6-3　DCLR 改性沥青胶浆 $G^*/\sin\delta$ 在 RTFOT 阶段随 DCLR 掺量的变化

　　回归参数 a 表示 DCLR 改性沥青胶浆的 $G^*/\sin\delta$ 值随 DCLR 掺量的变化速率,通过分析发现,a 值与温度之间有着良好的相关性,存在负指数关系,回归方程可表示为 $a=Ae^{BT}$ (式中,A、B 为回归参数;T 为温度,℃),相关系数均在 0.95 以上。图 6-4 为 DCLR 沥青胶浆在原样和 RTFOT 阶段 a 值与温度之间的变化。

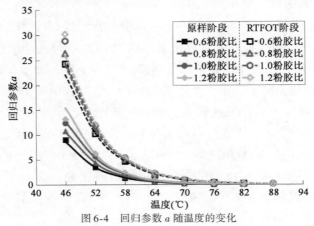

图 6-4　回归参数 a 随温度的变化

122

由图 6-4 可知:

(1)在同一温度下,RTFOT 阶段的 a 值均高于原样阶段的 a 值,说明老化程度越高,a 值变化越快,即经过老化后,DCLR 改性沥青胶浆的高温性能可得到进一步提升。

(2)在同一粉胶比下,原样和 RTFOT 阶段的 a 值均随温度的升高呈指数递减。当温度低于 64℃时,a 值随温度的降低幅度较快,而当温度高于 64℃时,a 值随温度的降低幅度较慢,并逐渐趋于稳定。这说明在 46~64℃车辙易形成区的温度区间内,DCLR 掺量的增加会显著影响沥青胶浆的高温抗车辙能力,其高温性能会随着 DCLR 掺量的增加而显著增强,但在较高 DCLR 掺量下,DCLR 改性沥青胶浆的高温性能对温度变化极其敏感。

(3)无论在原样阶段还是 RTFOT 阶段,a 值随粉胶比的增加而逐渐增大,但这一现象也随着温度的升高而逐渐趋于平稳。当温度低于 64℃时,粉胶比的变化对 a 值的影响比较显著,而当温度高于 64℃时,这种影响逐渐减小并趋于稳定。

6.2.2　粉胶比对 DCLR 改性沥青胶浆高温性能的影响

对在原样和 RTFOT 阶段的不同 DCLR 沥青胶浆的 $G^*/\sin\delta$ 值随粉胶比的变化进行回归分析发现,DCLR 改性沥青胶浆的 $G^*/\sin\delta$ 值与粉胶比(FA)之间也存在着较好的线性相关,相关系数基本均在 0.9 以上。其回归方程为 $G^*/\sin\delta = a \cdot FA + b$(式中,$G^*/\sin\delta$ 为车辙因子,kPa;FA 为粉胶比;a、b 为回归参数)。具体回归参数及相关系数见表 6-5。

$G^*/\sin\delta$ 随粉胶比变化的回归参数及相关系数　　　　表 6-5

原 样 阶 段				RTFOT 阶 段				
DCLR 掺量（%）	温度（℃）	a	b	R^2	DCLR 掺量（%）	温度（℃）	a	b	R^2
0	46	29.42	6.10	0.98	0	46	113.34	−35.65	0.96
	52	11.65	2.19	0.97		52	44.29	−14.40	0.98
	58	4.94	0.74	0.97		58	17.55	−5.73	0.98
	64	2.35	0.19	0.98		64	6.46	−1.37	0.99
	70	1.19	0.05	0.98		70	2.43	−0.03	0.96
	76	0.67	−0.03	0.97		76	1.80	−0.71	1
5	46	26.69	28.00	0.92	5	46	63.99	66.72	0.92
	52	11.67	9.15	0.97		52	15.51	37.33	0.84
	58	5.07	3.37	0.96		58	6.5	14.46	0.87
	64	2.35	1.34	0.97		64	2.823	5.95	0.94
	70	1.16	0.59	0.95		70	0.9825	2.86	0.97
	76	0.57	0.29	0.98		76	0.75	1.13	0.84

原 样 阶 段				RTFOT 阶段				
DCLR 掺量（%）	温度（℃）	a	b	R^2	DCLR 掺量（%）	温度（℃）	a	b	R^2
10	46	177.39	−33.65	0.99	10	46	224.96	17.58	0.93
	52	73.11	−19.64	0.96		52	42.97	61.73	0.98
	58	24.85	−4.27	0.97		58	16.05	24.87	0.94
	64	11.04	−2.67	0.97		64	6.40	10.14	0.91
	70	4.55	−0.77	0.99		70	2.79	4.29	0.95
	76	2.40	−0.523	0.99		76	1.45	1.80	0.97
	82	—	—	—		82	0.80	0.81	0.97
15	46	176.00	58.46	0.99	15	46	281.00	102.01	0.987
	52	79.50	15.81	0.99		52	124.44	44.42	0.99
	58	31.66	5.25	0.99		58	53.87	16.02	0.99
	64	13.03	1.91	0.99		64	21.58	6.83	0.99
	70	5.65	0.82	0.99		70	9.32	2.62	0.99
	76	2.55	0.43	0.99		76	4.15	1.16	0.99
	82	—	—	—		82	2.07	0.44	0.99
	88	—	—	—		88	1.25	0.04	1
20	46	130.19	116.53	0.99	20	46	256.10	405.92	0.95
	52	95.93	15.99	0.98		52	62.98	198.95	0.96
	58	37.39	5.39	0.97		58	17.54	99.85	0.76
	64	13.70	3.13	0.96		64	8.23	41.81	0.92
	70	5.78	1.29	0.97		70	1.74	19.16	0.65
	76	2.59	0.656	0.96		76	1.05	8.06	0.92
	82	—	—	—		82	0.79	3.37	0.97
	88	—	—	—		88	0.55	1.52	0.99

图 6-5 和图 6-6 为不同 DCLR 掺量下沥青胶浆在原样和 RTFOT 阶段的 $G*/\sin\delta$ 值随粉胶比的变化。

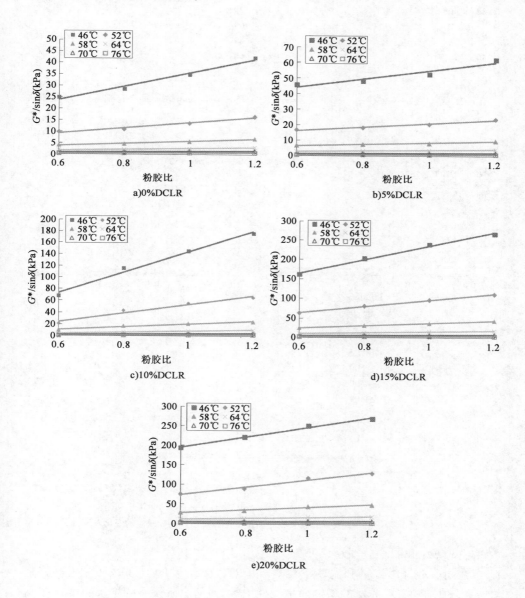

图 6-5 DCLR 改性沥青胶浆 $G*/\sin\delta$ 在原样阶段随粉胶比的变化

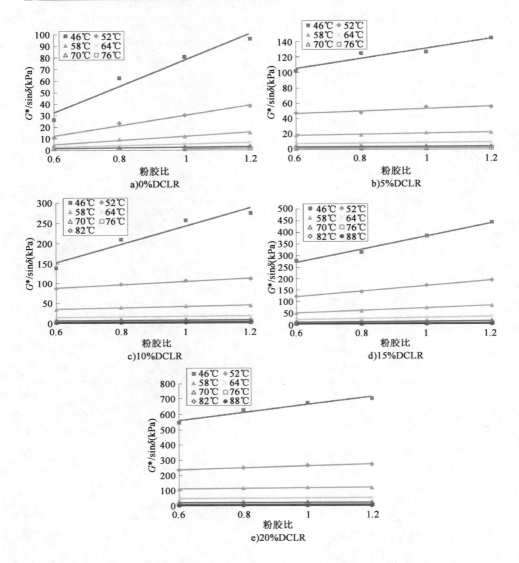

图 6-6　DCLR 改性沥青胶浆 $G^*/\sin\delta$ 在 RTFOT 阶段随粉胶比的变化

由表 6-5 和图 6-5、图 6-6 可知:

在同一 DCLR 掺量和温度下,原样和 RTFOT 阶段的 DCLR 改性沥青胶浆 $G^*/\sin\delta$ 值均随着粉胶比的增加而呈线性增大,但两个阶段下的增长幅度相差不大。如在温度为 46℃、DCLR 掺量为 10% 时,粉胶比从 0.6 增加到 1.2,原样阶

段下沥青胶浆的 $G^*/\sin\delta$ 值从 67.61kPa 增长到 175.9kPa，增加108.29kPa；而 RTFOT 阶段下沥青胶浆的 $G^*/\sin\delta$ 值从 139.71kPa 增长到273.82kPa，增加 134.11kPa。这是由于矿粉具有较大的比表面积，增加粉胶比，即增加矿粉在胶浆中的含量，从而造成沥青胶浆稠度的增加，进而表现出 $G^*/\sin\delta$ 值提高，高温抗车辙能力增强。但由于矿粉在老化过程中性质基本不发生变化，因此，老化过程中矿粉的变化对沥青胶浆高温抗车辙能力的影响基本相对较弱。

　　回归参数 a 表示 DCLR 改性沥青胶浆的 $G^*/\sin\delta$ 值随粉胶比的变化速率，通过分析发现，a 值与温度之间有着良好的相关性，存在负指数关系，回归方程可表示为 $a=Ae^{BT}$（式中，A、B 为回归参数；T 为温度，℃），相关系数均在 0.95 以上。图 6-7 为 DCLR 沥青胶浆在原样和 RTFOT 阶段 a 值与温度之间的变化。

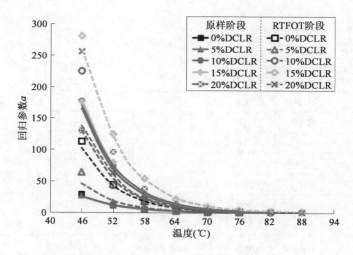

图 6-7　回归参数 a 随温度的变化

由图 6-7 可知：

无论在原样阶段还是 RTFOT 阶段，在同一粉胶比和 DCLR 掺量下，沥青胶浆的 a 值均随温度的增加而减小，当温度低于 64℃时，RTFOT 阶段的 a 值减小的幅度明显高于原样阶段，但当温度高于 64℃时，这种现象逐渐趋于平缓。这说明在 46～64℃车辙易形成区的温度区间内，粉胶比的增加会显著影响沥青胶浆的高温抗车辙能力，其高温性能会随着粉胶比的增加而显著增强，但较高粉胶比下，DCLR 改性沥青胶浆的高温性能对温度变化极其敏感。

6.2.3 温度对 DCLR 改性沥青胶浆高温性能的影响

对原样和 RTFOT 阶段的不同 DCLR 改性沥青胶浆的 $G^*/\sin\delta$ 值随温度的变化进行回归分析发现,沥青胶浆的 $G^*/\sin\delta$ 值随温度 T 的升高存在着指数关系,相关性系数均在 0.95 以上。其回归方程为 $G^*/\sin\delta = ae^{bT}$(式中,$G^*/\sin\delta$ 为车辙因子,kPa;T 为温度,℃;a、b 为回归参数)。具体回归参数及相关系数见表 6-6。

$G^*/\sin\delta$ 随温度变化的回归参数及相关系数 　　　　　表 6-6

原 样 阶 段					RTFOT 阶 段				
粉胶比	DCLR 掺量（%）	a	b	R^2	粉胶比	DCLR 掺量（%）	a	b	R^2
0.6	0	12228	−0.137	0.9961	0.6	0	5467	−0.119	0.9753
	5	27223	−0.142	0.9958		5	63419	−0.140	0.9988
	10	39356	−0.143	0.9908		10	83220	−0.136	0.9963
	15	140771	−0.149	0.9985		15	197282	−0.143	0.9994
	20	181205	−0.15	0.9987		20	288475	−0.137	0.9997
0.8	0	12969	−0.136	0.9957	0.8	0	53513	−0.148	0.9983
	5	25090	−0.139	0.9960		5	84388	−0.144	0.9979
	10	88426	−0.147	0.9971		10	137280	−0.141	0.9987
	15	156806	−0.146	0.9988		15	214085	−0.142	0.9993
	20	159792	−0.145	0.9977		20	340323	−0.138	0.9994
1.0	0	12.3688	20.688	0.9405	1.0	0	52049	−0.143	0.9969
	5	5.6478	3.946	0.96209		5	92508	−0.144	0.9993
	10	2.1436	1.834	0.96217		10	162344	−0.142	0.9979
	15	0.8366	1.101	0.95767		15	208827	−0.138	0.9984
	20	0.3466	0.660	0.95502		20	364852	−0.138	0.9991
1.2	0	16234	−0.132	0.9946	1.2	0	55674	−0.14	0.9972
	5	30754	−0.137	0.9967		5	89708	−0.142	0.9963
	10	122537	−0.145	0.9953		10	172320	−0.142	0.9972
	15	187077	−0.144	0.9890		15	229114	−0.137	0.9977
	20	201558	−0.143	0.9983		20	367014	−0.138	0.9985

图 6-8 和图 6-9 为不同 DCLR 改性沥青胶浆在原样和 RTFOT 阶段的 $G^*/\sin\delta$ 值随温度的变化。

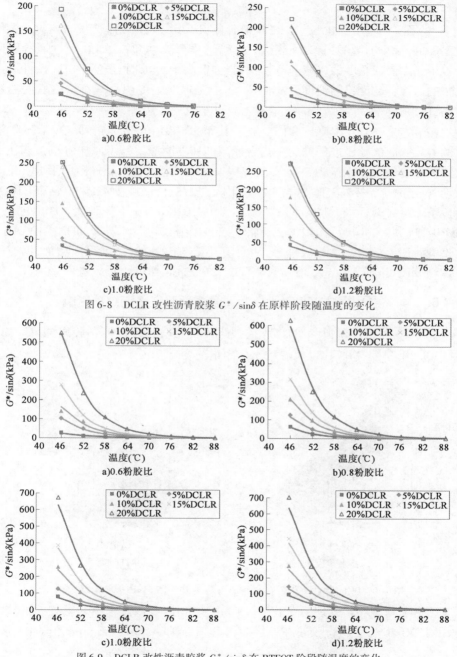

图 6-8 DCLR 改性沥青胶浆 $G^*/\sin\delta$ 在原样阶段随温度的变化

图 6-9 DCLR 改性沥青胶浆 $G^*/\sin\delta$ 在 RTFOT 阶段随温度的变化

由表 6-6 和图 6-8、图 6-9 可知：

（1）无论在原样阶段还是 RTFOT 阶段，DCLR 改性沥青胶浆的 $G^*/\sin\delta$ 值随温度的升高均呈指数递减的趋势。当温度低于 64℃ 时，DCLR 改性沥青胶浆的 $G^*/\sin\delta$ 值随温度的递减速率较快；当温度高于 64℃ 时，虽然 DCLR 改性沥青胶浆的 $G^*/\sin\delta$ 值仍随温度升高而递减，但是递减幅度明显减小。这表明温度越高，DCLR 改性沥青胶浆的抗车辙能力越差。

（2）在同一 DCLR 掺量和同一粉胶比下，DCLR 改性沥青胶浆在 RTFOT 阶段的 $G^*/\sin\delta$ 值随温度的升高呈指数递减的速度明显要高于原样阶段。如在粉胶比为 0.6、DCLR 掺量为 5% 的，温度从 46℃ 升高至 64℃，原样阶段下 DCLR 改性沥青胶浆的 $G^*/\sin\delta$ 值从 45.58kPa 下降到 2.81kPa，减少 42.77kPa；而 RTFOT 阶段下 DCLR 改性沥青胶浆的 $G^*/\sin\delta$ 值从 102.01kPa 下降到 7.703kPa，减少 94.307kPa，几乎是原样阶段的 2.5 倍。这是因为在高温环境下 RTFOT 使 DCLR 改性沥青胶浆挥发掉大量轻油分，从而使其流动性变差，稠度逐渐增加，沥青胶浆逐渐变硬，进而 $G^*/\sin\delta$ 值增长幅度大，高温抗车辙能力得到进一步提升。

6.2.4　各因素对 DCLR 改性沥青胶浆高温性能的综合影响

图 6-10 为原样阶段和 RTFOT 阶段下不同 DCLR 改性沥青胶浆的 $G^*/\sin\delta$ 值随 DCLR 掺量、粉胶比以及温度三个因素的变化。

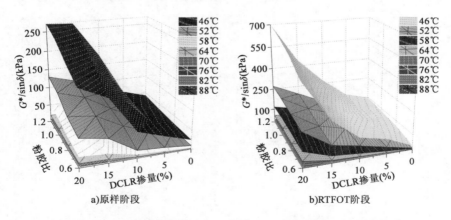

图 6-10　DCLR 改性沥青胶浆 $G^*/\sin\delta$ 值随 DCLR 掺量、粉胶比和温度的变化

表 6-7 和表 6-8 分别为粉胶比、DCLR 掺量、温度以及三个因素之间的交互作用对 DCLR 改性沥青胶浆在原样阶段和 RTFOT 阶段的 $G^*/\sin\delta$ 值影响的方差分析。

原样阶段 DCLR 改性沥青胶浆 $G^*/\sin\delta$ 的方差分析　　　表 6-7

来　源	平方和	自由度	均方	F	P
模型	445782.188[a]	63	7075.908	118.097	0.000
粉胶比	5505.628	3	1835.209	30.630	0.000
DCLR 掺量	65158.174	4	16289.544	271.873	0.000
温度	278646.572	6	46441.095	775.103	0.000
交互作用(粉胶比 * DCLR 掺量)	2543.983	12	211.999	3.538	0.001
交互作用(DCLR 掺量 * 温度)	100173.270	21	4770.156	79.614	0.000
交互作用(粉胶比 * 温度)	8995.601	17	529.153	8.832	0.000
误差	3714.793	62	59.916		

注:[a]$R^2 = 0.992$(调整 $R^2 = 0.983$)。

RTFOT 阶段 DCLR 改性沥青胶浆 $G^*/\sin\delta$ 的方差分析　　　表 6-8

来　源	平方和	自由度	均方	F	P
模型	2259354.464[a]	70	32276.492	318.975	0.000
粉胶比	4502.601	3	1500.867	14.832	0.000
DCLR 掺量	345798.509	4	86449.627	854.345	0.000
温度	1291493.844	7	184499.121	1823.326	0.000
交互作用(粉胶比 * DCLR 掺量)	3424.465	12	285.372	2.820	0.004
交互作用(DCLR 掺量 * 温度)	607276.183	23	26403.312	260.933	0.000
交互作用(粉胶比 * 温度)	28797.018	21	1371.287	13.552	0.000
误差	6577.236	65	101.188		

注:[a]$R^2 = 0.997$(调整 $R^2 = 0.994$)。

由表 6-7 和表 6-8 的方差分析结果可知:

(1)单一因素以及因素之间的交互作用对在原样阶段和 RTFOT 阶段的 DCLR 改性沥青胶浆 $G^*/\sin\delta$ 值的影响均十分显著(P 小于 0.05)。

(2)从单一因素来说,在原样阶段和 RTFOT 阶段,粉胶比、DCLR 掺量以及温度对 DCLR 改性沥青胶浆 $G^*/\sin\delta$ 值的影响程度排序为:温度 > DCLR 掺量 > 粉胶比。从因素之间的交互作用来说,在原样阶段和 RTFOT 阶段对 DCLR 改性沥青胶浆 $G^*/\sin\delta$ 值的影响程度排序均为:DCLR 掺量 * 温度 > 粉胶比 * 温度 > 粉胶比 * DCLR 掺量。这表明温度对 DCLR 改性沥青胶浆的高温抗车辙能力影响最为显著,DCLR 掺量次之,粉胶比影响程度最低。

因此,在实际工程的应用中,需要以环境温度作为主要参考的技术指标。相对于粉胶比,DCLR 掺量对沥青胶浆的高温抗车辙能力影响更为显著,因此在考虑温度的基础上需要侧重考虑 DCLR 掺量,从而保证 DCLR 改性沥青胶浆的高温抗车辙能力满足使用要求。

图 6-11 为原样阶段和 RTFOT 阶段下 DCLR 改性沥青胶浆的临界破坏温度随粉胶比和 DCLR 掺量的变化。

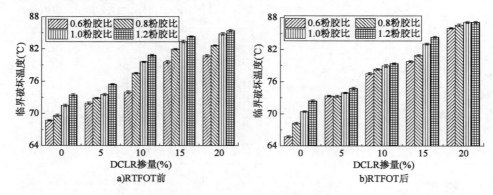

图 6-11   DCLR 改性沥青胶浆高温临界破坏温度随粉胶比和 DCLR 掺量的变化

由图 6-11 可知:

(1)在原样阶段和 RTFOT 阶段,DCLR 改性沥青胶浆的高温临界破坏温度均随粉胶比和 DCLR 掺量的增大而不断增大,说明 DCLR 和矿粉的加入都能够提升 DCLR 改性沥青胶浆的高温临界破坏温度,提高沥青胶浆的高温抗车辙能力。相对而言,DCLR 掺量对高温临界破坏温度的影响要高于粉胶比。

(2)原样阶段和 RTFOT 阶段的 DCLR 改性沥青胶浆的临界破坏温度随粉胶比和 DCLR 掺量的变化趋势基本一致,说明老化过程对 DCLR 改性沥青胶浆高温临界破坏温度的变化影响不大。

综上,当温度在 46 ~ 64℃ 车辙易形成区的温度区间内,可通过增大粉胶比或提高 DCLR 掺量提升 DCLR 改性沥青胶浆的高温抗车辙能力,且 $G^*/\sin\delta$ 值与粉胶比以及 DCLR 掺量之间的关系均为线性正相关,但当温度高于 64℃ 后,沥青胶浆的高温抗车辙能力对温度变化极其敏感,且通过增大粉胶比或提高 DCLR 掺量提升 DCLR 改性沥青胶浆的高温抗车辙能力的效果越来越不明显,因此需要对其进行 DCLR 掺量或粉胶比的限制。

6.3   煤直接液化残渣改性沥青胶浆低温性能

利用 TE-BBR 型高级流变仪,在 0 ~ −18℃ 范围内,温度间隔为 6℃,对经过 RTFOT 和 PAV 老化后的不同 DCLR 改性沥青胶浆进行 BBR 测试,不同 DCLR

改性沥青胶浆的 BBR 测试结果见表6-9。

不同 DCLR 改性沥青胶浆的 m 值和 S 值　　　　表6-9

粉胶比	DCLR 掺量（%）	m 值				S 值（MPa）				低温等级
		0℃	−6℃	−12℃	−18℃	0℃	−6℃	−12℃	−18℃	
0.6	0	—	0.400	0.320	0.243	—	124.76	287.78	645.00	−22
	5	0.470	0.342	0.266		58.85	175.1	349.44		−16
	10	0.371	0.324	0.267		98.55	227.55	424.64		−16
	15	0.320	0.289	0.256		139.57	244.09	536.56		−10
	20	0.312	0.280	0.246		200.83	271.3	633.56		−10
0.8	0	—	0.400	0.341	0.239	—	120.29	344.28	762.18	−16
	5	0.465	0.334	0.251		52.43	242.58	429.19		−16
	10	0.355	0.325	0.262		116.80	221.64	439.04		−16
	15	0.317	0.269	0.228		228.04	402.61	634.92		−10
	20	0.307	0.275	0.211		217.93	391.99	702.67		−10
1.0	0	—	0.416	0.327	0.320	—	134.78	354.85	707.45	−16
	5	0.468	0.325	0.266		58.04	243.28	518.76		−16
	10	0.355	0.310	0.238		189.63	316.59	708.38		−10
	15	0.321	0.289	0.194		251.30	436.12	741.85		−10
	20	0.299	0.257	0.201		311.84	568.37	1019.80		−10
1.2	0	—	0.412	0.311	0.358	—	228.85	524.06	1394.90	−16
	5	0.515	0.359	0.251		59.98	413.45	790.36		−10
	10	0.373	0.306	0.207		214.30	416.17	837.15		−10
	15	0.324	0.299	0.214		294.01	712.65	1016.90		−10
	20	0.305	0.265	0.175		356.70	754.29	1123.50		−10

6.3.1　DCLR 掺量对 DCLR 改性沥青胶浆低温性能的影响

对在不同温度和粉胶比下 DCLR 沥青胶浆的蠕变速率 m 和劲度模量 S 随温度的变化进行回归分析，发现 DCLR 改性沥青胶浆的蠕变速率 m 和劲度模量 S 与 DLCR 掺量之间存在着较好的指数关系。其回归方程分别为 $m=ae^{bP}$（式中，m 为蠕变速率；P 为 DCLR 掺量，%；a、b 为回归参数），$S=ae^{bP}$（式中，S 为劲度模量，MPa；P 为 DCLR 掺量，%；a、b 为回归参数）。具体回归参数及相关系数见表6-10。

m 值和 S 值随 DCLR 掺量变化的回归参数及相关系数 表 6-10

粉胶比	m 值				粉胶比	S 值			
	温度（℃）	a	b	R^2		温度（℃）	a	b	R^2
0.6	0	0.5125	−0.028	0.8943	0.6	0	36.73	0.0875	0.9772
	−6	0.3868	−0.018	0.9517		−6	137.94	0.0377	0.9130
	−12	0.3021	−0.011	0.7821		−12	287.10	0.0401	0.9980
0.8	0	0.5000	−0.027	0.8648	0.8	0	42.49	0.0928	0.8691
	−6	0.3848	−0.019	0.8918		−6	142.09	0.0574	0.8405
	−12	0.315	−0.021	0.8334		−12	342.26	0.0364	0.9417
1.0	0	0.5099	−0.029	0.8999	1.0	0	45.89	0.1057	0.8422
	−6	0.3913	−0.022	0.9165		−6	151.84	0.0692	0.9707
	−12	0.3114	−0.026	0.9078		−12	384.03	0.0494	0.9530
1.2	0	0.5695	−0.034	0.8923	1.2	0	46.49	0.1133	0.8309
	−6	0.4013	−0.021	0.9590		−6	257.42	0.0586	0.9085
	−12	0.3212	−0.032	0.8635		−12	582.38	0.0355	0.9107

图 6-12 和图 6-13 为不同粉胶比 DCLR 改性沥青胶浆在不同温度下的 m 值和 S 值随 DCLR 掺量的变化。

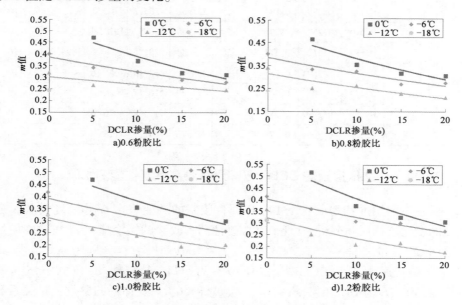

图 6-12 DCLR 改性沥青胶浆 m 值随 DCLR 掺量的变化

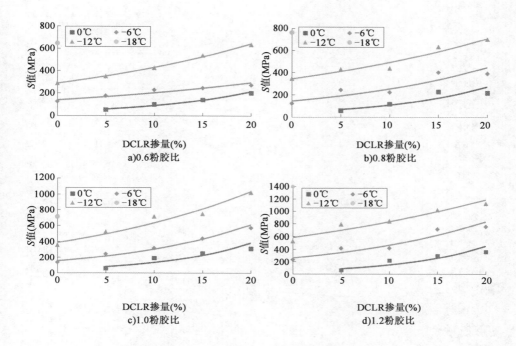

图6-13 DCLR改性沥青胶浆 S 值随 DCLR 掺量的变化

由表6-10和图6-12、图6-13可知：

在同一温度和同一粉胶比下,DCLR改性沥青胶浆的 m 值随着 DCLR 掺量的增加而呈指数递减,S 值均随着 DCLR 掺量的增加而呈指数递增。说明 DCLR 的加入降低了沥青胶浆的低温抗开裂性能,这是因为 DCLR 中含有大量的沥青质和不溶于沥青的四氢呋喃等复杂物质,这些物质与基质沥青发生交联作用,使得沥青胶浆变硬、变脆,导致沥青胶浆的应力松弛能力下降,最终表现为 DCLR 改性沥青胶浆的低温抗开裂能力下降。

6.3.2 粉胶比对 DCLR 改性沥青胶浆低温性能的影响

对不同 DCLR 掺量下沥青胶浆的蠕变速率 m 和劲度模量 S 在不同温度下随粉胶比的变化分别进行不同形式的回归分析,发现相关系数均较低。图6-14和图6-15为 DCLR 改性沥青胶浆的蠕变速率 m 值和劲度模量 S 值随粉胶比的变化。

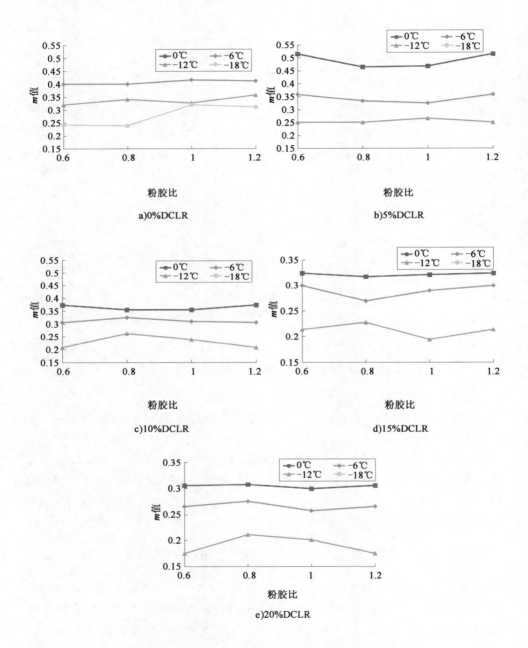

图 6-14　DCLR 改性沥青胶浆 m 值随粉胶比的变化

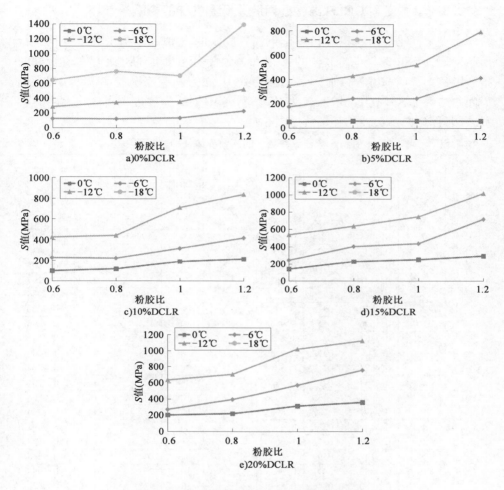

图 6-15 DCLR 改性沥青胶浆 S 值随粉胶比的变化

由图 6-14 和图 6-15 可知:

在 DCLR 改性沥青胶浆的粉胶比从 0.6 增大到 1.2 的过程中,同一 DCLR 掺量和温度下的 DCLR 改性沥青胶浆的蠕变速率 m 值随着粉胶比的增大而减小,但是减小幅度有限;而劲度模量 S 值随着粉胶比的增大而不断增长,在 0.6~1.0 粉胶比区间内增长幅度较小,在 1.0~1.2 粉胶比区间内急剧增长。这说明矿粉的加入对 DCLR 改性沥青胶浆的低温抗开裂能力有一定的损伤作用,且当粉胶比超过 1.0 后,随着粉胶比的增大,其低温抗开裂能力损失更快。

6.3.3　温度对 DCLR 改性沥青胶浆低温性能的影响

对在不同 DCLR 掺量和粉胶比下沥青胶浆的 m 值和 S 值随温度变化进行回归发现,DCLR 改性沥青胶浆的 m 值和 S 值随着温度 T 的升高存在着较好的指数增长。其回归方程分别为 $m = ae^{bT}$(式中,m 为蠕变速率;T 为温度,℃;a、b 为回归参数),$S = ae^{bT}$(式中,S 为劲度模量,MPa;T 为温度,℃;a、b 为回归参数)。具体回归参数及相关系数见表 6-11。

m 值和 S 值随温度变化的回归参数及相关系数　　　　　　表 6-11

粉胶比	DCLR 掺量(%)	m 值			粉胶比	DCLR 掺量(%)	S 值		
		a	b	R^2			a	b	R^2
0.6	0	0.5177	0.0415	0.9964	0.6	0	55.13	−0.137	0.999
	5	0.4648	0.0474	0.9955		5	57.13	−0.158	0.976
	10	0.3746	0.0274	0.9897		10	102.11	−0.122	0.9930
	15	0.3210	0.0186	0.9975		15	134.35	−0.112	0.9905
	20	0.3131	0.0198	0.9973		20	183.32	−0.096	0.9297
0.8	0	0.5346	0.0429	0.954	0.8	0	49.88	−0.154	0.9936
	5	0.4615	0.0514	0.9982		5	66.98	−0.167	0.9420
	10	0.3626	0.0253	0.9448		10	115.97	−0.11	0.9996
	15	0.3171	0.0275	1.0000		15	232.37	−0.085	0.996
	20	0.315	0.0312	0.9462		20	218.05	−0.098	1.0000
1.0	0	0.4573	0.0219	0.8114	1.0	0	61.62	−0.138	0.9907
	5	0.4554	0.0471	0.9726		5	65.72	−0.181	0.9701
	10	0.3627	0.0333	0.9666		10	180.60	−0.11	0.9838
	15	0.3371	0.042	0.8983		15	252.14	−0.09	0.9999
	20	0.3137	0.0331	0.9815		20	312.66	−0.099	0.9999
1.2	0	0.4742	0.0234	1.0000	1.2	0	90.40	−0.151	0.9977
	5	0.5147	0.0599	1		5	74.28	−0.215	0.9238
	10	0.3852	0.0491	0.9655		10	213.05	−0.114	0.9998
	15	0.3380	0.0346	0.8888		15	321.15	−0.103	0.9427
	20	0.3193	0.0463	0.9248		20	378.16	−0.096	0.9698

图 6-16 和图 6-17 为不同粉胶比下 DCLR 改性沥青胶浆的 m 值和 S 值随温度的变化。

从表 6-11 和图 6-16、图 6-17 可知:

在同一粉胶比和 DCLR 掺量下,随着温度的降低,DCLR 改性沥青胶浆的 m 值呈指数递减,S 值却以指数形式在不断增大。这是因为随着温度的不断降低,DCLR 改性沥青胶浆逐渐变脆、变硬,导致沥青胶浆的应力松弛能力下降,从而造成其低温抗裂性能不断变差。

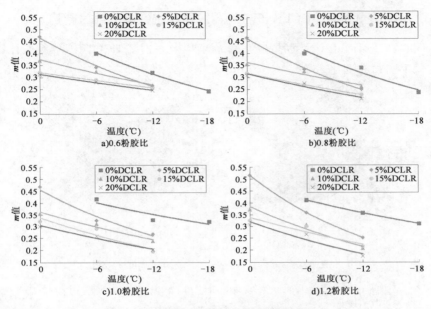

图 6-16 DCLR 改性沥青胶浆 m 值随温度的变化

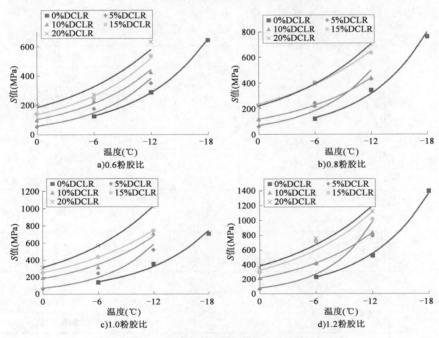

图 6-17 DCLR 改性沥青胶浆 S 值随温度的变化

6.3.4　各因素对 DCLR 改性沥青胶浆低温性能的综合影响

图 6-18 为 DCLR 改性沥青胶浆的 m 值以及 S 值随 DCLR 掺量、粉胶比以及温度三个因素的变化。

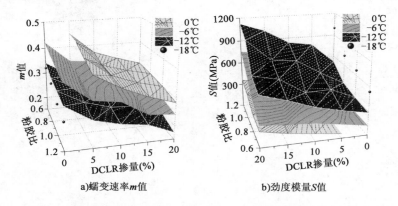

a)蠕变速率 m 值　　　　b)劲度模量 S 值

图 6-18　DCLR 改性沥青胶浆 m 值和 S 随 DCLR 掺量和粉胶比的变化情况

表 6-12、表 6-13 分别为粉胶比、DCLR 掺量、温度以及三个因素之间的交互作用对 DCLR 改性沥青胶浆蠕变速率 m 值和劲度模量 S 值影响的方差分析。

DCLR 改性沥青胶浆 m 值的方差分析　　　　表 6-12

来　源	平方和	自由度	均方	F	P
模型	0.299[a]	38	0.008	72.531	0.000
粉胶比	0.004	3	0.001	11.518	0.000
DCLR 掺量	0.129	4	0.032	296.453	0.000
温度	0.172	3	0.057	529.277	0.000
交互作用(粉胶比 * DCLR 掺量)	0.004	12	0.000	2.898	0.016
交互作用(DCLR 掺量 * 温度)	0.025	7	0.004	32.495	0.000
交互作用(粉胶比 * 温度)	0.011	9	0.001	11.623	0.000
误差	0.002	21	0.000		

注:[a] $R^2 = 0.992$(调整 $R^2 = 0.979$)。

DCLR 改性沥青胶浆 S 的方差分析　　　　表 6-13

来　源	平方和	自由度	均方	F	P
模型	4980264.344[a]	38	131059.588	101.686	0.000
截距	11362043.109	1	11362043.109	8815.576	0.000

来　源	平方和	自由度	均方	F	P
粉胶比	881189.934	3	293729.978	227.899	0.000
DCLR 掺量	949537.137	4	237384.284	184.182	0.000
温度	3150486.070	3	1050162.023	814.799	0.000
交互作用(粉胶比 * DCLR 掺量)	111786.168	12	9315.514	7.228	0.000
交互作用(DCLR 掺量 * 温度)	44684.860	7	6383.551	4.953	0.002
交互作用(粉胶比 * 温度)	311583.407	9	34620.379	26.861	0.000
误差	27066.060	21	1288.860		

注：[a] $R^2 = 0.995$(调整 $R^2 = 0.985$)。

由表6-12和表6-13的方差分析结果可知：

(1)单一因素以及因素之间的交互对 DCLR 改性沥青胶浆蠕变速率 m 值和劲度模量 S 值的影响均十分显著(P 小于 0.05)。

(2)从单一因素来说,粉胶比、DCLR 掺量以及温度对 DCLR 改性沥青胶浆 m 值的影响程度排序为:温度 > DCLR 掺量 > 粉胶比;而对 S 值的影响程度排序为:温度 > 粉胶比 > DCLR 掺量。从因素之间的交互来说,对 DCLR 改性沥青胶浆 m 值的影响程度排序为:DCLR 掺量 * 温度 > 粉胶比 * 温度 > 粉胶比 * DCLR 掺量;而对 S 值的影响程度排序为:粉胶比 * 温度 > 粉胶比 * DCLR 掺量 > DCLR 掺量 * 温度。这表明温度对 DCLR 改性沥青胶浆低温性能的影响最为显著。

因此,在实际工程的应用中,需要以环境温度作为主要参考的技术指标,并在考虑环境温度的基础上对 DCLR 掺量和粉胶比综合考虑,从而保证 DCLR 改性沥青胶浆的低温抗开裂性能满足要求。

图6-19为 DCLR 改性沥青胶浆的低温等级随粉胶比和 DCLR 掺量的变化情况。

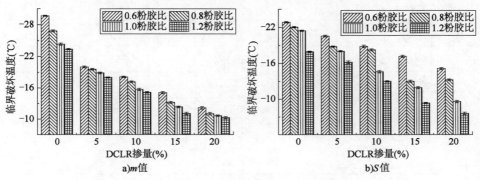

图6-19　DCLR 改性沥青胶浆低温临界破坏温度

由图 6-19 可知：DCLR 改性沥青胶浆的低温等级随 DCLR 掺量和粉胶比的增加均不断降低。这说明 DCLR 和矿粉的加入都对 DCLR 改性沥青胶浆的低温抗开裂能力造成了损伤，且随着 DCLR 掺量和粉胶比的增大，对胶浆低温抗开裂性能的损伤变得更加剧烈。

综上，在粉胶比为 0.6、DCLR 掺量为 0% 时，DCLR 改性沥青胶浆的低温等级能够达到 −22℃。但随着 DCLR 掺量和粉胶比的不断增加，DCLR 改性沥青胶浆的低温抗开裂能力均不断变差。因此，需要对 DCLR 掺量和粉胶比进行限制。

6.4　煤直接液化残渣改性沥青胶浆疲劳性能

采用 AR-1500 型高级流变仪，在 16～31℃ 温度范围内，温度间隔为 3℃，对经过 RTFOT 与 PAV 老化后的不同 DCLR 改性沥青胶浆进行疲劳性能试验，得到 DCLR 改性沥青胶浆的 $G^* \sin\delta$ 值，进而分析 DCLR 改性沥青胶浆的疲劳性能变化规律。表 6-14 为 DCLR 改性沥青胶浆的 $G^* \sin\delta$ 值。

不同 DCLR 改性沥青胶浆的 $G^* sin\delta$　　　　　表 6-14

粉胶比	DCLR 掺量（%）	$G^* \sin\delta$(kPa)						技术要求	疲劳等级
		31℃	28℃	25℃	22℃	19℃	16℃		
0.6	0	679.8	1089	1724	2683	4096	6072	≤5000	19
	5	1293	2029	3144	4771	7044	—		22
	10	2006	2934	4248	6021	—	—		25
	15	3841	5740	—	—	—	—		31
	20	4899	6539	—	—	—	—		31
0.8	0	1330	2042	3203	4938	7412	—	≤5000	22
	5	1992	3170	4996	7717	—	—		25
	10	2732	4007	5765	—	—	—		28
	15	4636	6406	—	—	—	—		31
	20	5332	—	—	—	—	—		31

续上表

粉胶比	DCLR 掺量（%）	$G^* \sin\delta$(kPa)						技术要求	疲劳等级
		31℃	28℃	25℃	22℃	19℃	16℃		
1.0	0	1575	—	4117	—	—	—	≤5000	25
	5	2799	—	6235					28
	10	2957	—	6423					28
	15	5122							31
	20	6087							31
1.2	0	1832	2889	4518	6922			≤5000	25
	5	3836	5916						31
	10	4567	6523						31
	15	5453							31
	20	9871							31

6.4.1 DCLR 掺量对 DCLR 改性沥青胶浆疲劳性能的影响

对不同粉胶比和温度下沥青胶浆的 $G^* \sin\delta$ 随 DCLR 掺量的变化进行回归分析发现，DCLR 改性沥青胶浆的疲劳因子 $G^* \sin\delta$ 与 DCLR 掺量 P 之间均有着较好的指数关系。其回归方程为 $G^* \sin\delta = ae^{bP}$（式中，$G^* \sin\delta$ 为疲劳因子，kPa；P 为 DCLR 掺量，%；a、b 为回归参数）。具体回归参数及相关系数见表 6-15。

$G^* \sin\delta$ 随 DCLR 掺量变化的回归参数及相关系数　　　　表 6-15

粉胶比	温度	a	b	R^2	粉胶比	温度	a	b	R^2
0.6	31℃	735.4	0.1008	0.9829	0.8	25℃	3368.0	0.0588	0.9194
	28℃	1189.9	0.0925	0.9686		22℃	4938.0	0.0893	1.0000
	25℃	1812.4	0.0902	0.9644		19℃	—	—	—
	22℃	2840.8	0.0808	0.9434	1.0	31℃	1715.8	0.0662	0.9482
	19℃	4096.0	0.1084	1.0000		25℃	4390.1	0.0445	0.7999
0.8	31℃	1367.6	0.0724	0.9792	1.2	31℃	2110.4	0.0744	0.9311
	28℃	2072.2	0.0733	0.9854		28℃	3203.0	0.0814	0.8385

图 6-20 为不同 DCLR 改性沥青胶浆的 $G^*/\sin\delta$ 值随 DCLR 掺量的变化。

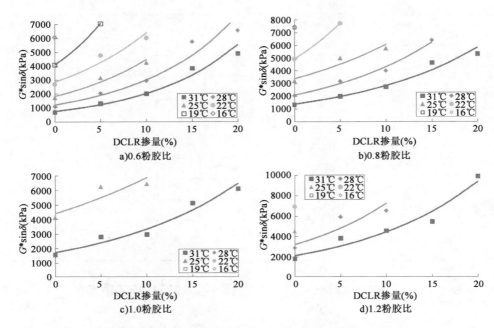

图 6-20　DCLR 改性沥青胶浆 $G^*\sin\delta$ 值随 DCLR 掺量的变化

由表 6-15 和图 6-20 可知：在同一温度和同一粉胶比下，DCLR 改性沥青胶浆的 $G^*\sin\delta$ 值随着 DCLR 掺量的增加呈指数递增。这说明 DCLR 的加入加速了 DCLR 改性沥青胶浆疲劳损伤的发展，对沥青胶浆的疲劳性能产生了不利影响，且随着 DCLR 掺量的增加，DCLR 改性沥青胶浆的抗疲劳能力逐渐变差。

6.4.2　粉胶比对 DCLR 改性沥青胶浆疲劳性能的影响

对不同 DCLR 改性沥青胶浆的 $G^*\sin\delta$ 值随粉胶比的变化进行回归分析发现，DCLR 改性沥青胶浆的 $G^*\sin\delta$ 与 FA 之间均有着较好的线性相关性。其回归方程为 $G^*\sin\delta = a\cdot\mathrm{FA} + b$（式中，$G^*\sin\delta$ 为疲劳因子，kPa；FA 为粉胶比；a、b 为回归参数）。具体回归参数及相关系数见表 6-16。

图 6-21 为不同 DCLR 改性沥青胶浆的 $G^*\sin\delta$ 值随粉胶比的变化。

由表 6-16 和图 6-21 可知：在同一温度和同一 DCLR 掺量下，DCLR 改性沥青胶浆的 $G^*\sin\delta$ 值随着粉胶比的增加呈线性递增。这说明矿粉对 DCLR 改性沥青胶浆疲劳损伤的发展起到了促进的作用，对沥青胶浆的疲劳性能产生了不利影响，粉胶比越高，DCLR 改性沥青胶浆疲劳性能越差。

144

$G^*\sin\delta$ 随粉胶比变化的回归参数及相关系数 　　　　表 6-16

DCLR 掺量（%）	温度（℃）	a	b	R^2	DCLR 掺量（%）	温度（℃）	a	b	R^2
0	31	1850.8	−311.5	0.9353	10	31	3954.0	−493.1	0.8934
	28	2873.9	−484.1	0.9506		28	6025.7	−734.3	0.9986
	25	4648.0	−792.7	0.937		25	3290.0	3133.0	1.0000
	22	6764.3	−1014.7	0.9493		22	—	—	—
5	31	4218.0	−1316.2	0.9918	15	31	2661.0	2368.1	0.9626
	28	6533.6	−1957.4	0.9981	20	31	7835.5	−504.7	0.7946
	25	6195.0	40.0	1.0000	—		—	—	—

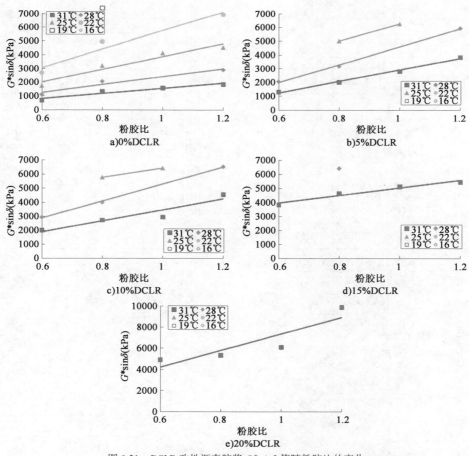

图 6-21　DCLR 改性沥青胶浆 $G^*\sin\delta$ 值随粉胶比的变化

6.4.3 温度对 DCLR 改性沥青胶浆疲劳性能的影响

对在不同 DCLR 掺量和粉胶比下沥青胶浆的 $G^* \sin\delta$ 值随温度的变化进行回归分析发现,DCLR 改性沥青胶浆的 $G^* \sin\delta$ 值随着温度 T 的升高存在着指数关系,相关系数均在 0.999 以上。其回归方程为 $G^* \sin\delta = ae^{bT}$(式中,$G^* / \sin\delta$ 为疲劳因子,kPa;T 为温度,℃;a、b 为回归参数)。具体回归参数及相关系数见表 6-17。

$G^* \sin\delta$ 随温度变化的回归参数及相关系数   表 6-17

粉胶比	DCLR 掺量（%）	a	b	R^2	粉胶比	DCLR 掺量（%）	a	b	R^2
0.6	0	65336	−0.146	0.999	1.0	0	225596	−0.160	1.0000
	5	105933	−0.142	0.9992		5	175446	−0.133	1.0000
	10	89398	−0.122	0.9996		10	162717	−0.129	1.0000
	15	243936	−0.134	1.0000		15	—	—	—
	20	96816	−0.096	1.0000		20	—	—	—
0.8	0	115782	−0.144	0.9997	1.2	0	180350	−0.148	0.9998
	5	213669	−0.151	0.9998		5	337358	−0.144	1.0000
	10	129873	−0.124	0.9998		10	181719	−0.119	1.0000
	15	131037	−0.108	1.0000		15	—	—	—

图 6-22 为不同 DCLR 改性沥青胶浆的 $G^* \sin\delta$ 值随温度的变化。

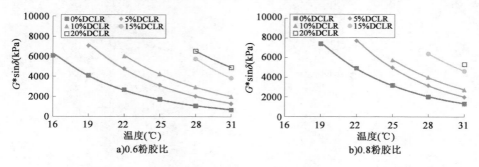

图 6-22

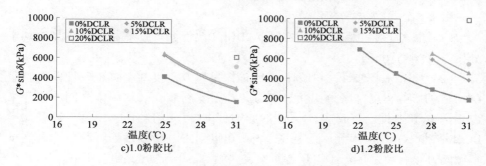

图 6-22 DCLR 改性沥青胶浆 $G^* \sin\delta$ 随温度的变化

由表 6-17 和图 6-22 可知：在同一 DCLR 掺量和同一粉胶比下，DCLR 改性沥青胶浆的 $G^* \sin\delta$ 值随着温度的升高均呈指数递减。这说明随着温度的不断升高，DCLR 改性沥青胶浆的抗疲劳开裂能力不断增强。这是因为随着温度的升高，DCLR 改性沥青胶浆的脆性减弱，弹性和韧性逐渐增强，疲劳荷载作用时的弹性恢复能力逐渐提高，从而使 DCLR 改性沥青胶浆的抗疲劳开裂能力得到增强。

6.4.4　各因素对 DCLR 改性沥青胶浆低温性能的综合影响

表 6-18 为粉胶比、DCLR 掺量、温度以及三个因素之间的交互作用对 DCLR 改性沥青胶浆 $G^* \sin\delta$ 值影响的方差分析。

DCLR 改性沥青胶浆 $G^* \sin\delta$ 的方差分析　　　　　　　表 6-18

来　　源	平方和	自由度	均　　方	F	P
校正模型	209812352.184[a]	41	5117374.444	263.452	0.000
粉胶比	38842490.023	3	12947496.674	666.561	0.000
DCLR 掺量	84422975.741	4	21105743.935	1086.563	0.000
温度	111896944.111	5	22379388.822	1152.132	0.000
交互作用(粉胶比 * DCLR 掺量)	8723397.903	12	726949.825	37.425	0.000
交互作用(DCLR 掺量 * 温度)	5039144.701	9	559904.967	28.825	0.000
交互作用(粉胶比 * 温度)	6917672.462	8	864709.058	44.517	0.000
误差	194243.243	10	19424.324		

注：[a]$R^2 = 0.999$（调整 $R^2 = 0.995$）。

由表 6-18 的方差分析结果可知：

（1）单一因素和因素之间的交互对 DCLR 改性沥青胶浆 $G^* \sin\delta$ 的影响均十分显著（P 小于 0.05）。

（2）从单一因素来说，粉胶比、DCLR 掺量以及温度对 DCLR 改性沥青胶浆 $G^* \sin\delta$ 的影响程度排序为：温度 > DCLR 掺量 > 粉胶比。从因素之间的交互来说，对 DCLR 改性沥青胶浆 $G^* \sin\delta$ 的影响程度排序：粉胶比 * 温度 > 粉胶比 * DCLR 掺量 > DCLR 掺量 * 温度。这表明温度对 DCLR 改性沥青胶浆的高温抗车辙能力影响最为显著，DCLR 掺量次之，粉胶比影响程度最低。

因此，在实际工程中，需要以温度作为控制 DCLR 改性沥青胶浆抗疲劳开裂能力的主要技术指标，并在此基础上着重考虑 DCLR 掺量和粉胶比的综合影响，从而保证 DCLR 改性沥青胶浆的疲劳性能满足要求。

图 6-23 为 DCLR 改性沥青胶浆的疲劳等级随粉胶比和 DCLR 掺量的变化情况。

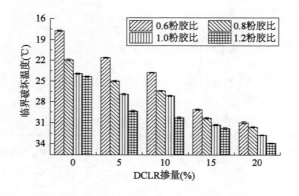

图 6-23　DCLR 改性沥青胶浆疲劳临界破坏温度

由图 6-23 可知：DCLR 改性沥青胶浆的疲劳临界温度随着 DCLR 掺量和粉胶比的增加均不断降低，说明 DCLR 和矿粉的加入降低了 DCLR 改性沥青胶浆的疲劳等级，对抗疲劳破坏能力造成了损伤。相对而言，粉胶比对 DCLR 改性沥青胶浆疲劳等级的影响要高于 DCLR 掺量。

综上，DCLR 改性沥青胶浆的抗疲劳破坏能力随着 DCLR 掺量和粉胶比的增加都有所降低，说明 DCLR 和矿粉的掺入对 DCLR 改性沥青胶浆的抗疲劳破坏能力都有所损伤。因此，为了保证 DCLR 改性沥青胶浆的抗疲劳开裂能力，需要对 DCLR 和矿粉的掺量进行限制。

6.5　煤直接液化残渣改性沥青胶浆性能平衡设计分析

6.5.1　DCLR 掺量对 DCLR 改性沥青胶浆综合性能的影响

通过对不同 DCLR 掺量下的沥青胶浆的高、低温性能和疲劳性能的研究发现,随着 DCLR 掺量的增加,沥青胶浆的 $G^*\sin\delta$ 值在逐渐增大,说明沥青胶浆抵抗高温流动变形的能力不断增强,高温性能逐步提高;而随着 DCLR 掺量的增加,沥青胶浆的 $G^*\sin\delta$ 值和 S 值逐渐增大,m 值在逐渐减小,说明沥青胶浆越来越脆硬,且疲劳损伤发展越快,疲劳性能和低温性能在逐渐降低。这主要是由于 DCLR 中含有大量的四氢呋喃不溶物(一般占 45% 左右),而四氢呋喃不溶物会显著降低沥青的延展性和抗老化性能,从而提高沥青的高温性能,损伤沥青的低温和疲劳性能,因而导致沥青胶浆的高温性能提高,低温性能和疲劳性能下降。

沥青胶浆的 $G^*\sin\delta$ 值、m 值和 S 值在 DCLR 掺量为 10% 时出现了明显拐点,当 DCLR 掺量低于 10% 时,$G^*\sin\delta$ 值、m 值和 S 值变化幅度较小,而当 DCLR 掺量高于 10% 时,$G^*\sin\delta$ 值、m 值和 S 值变化幅度较大,说明当 DCLR 掺量低于 10% 时,沥青胶浆的疲劳性能和低温性能降低幅度较小,而当 DCLR 掺量高于 10% 时,沥青胶浆疲劳性能和低温性能迅速降低。这主要是由于当 DCLR 掺量较低时,DCLR 中的重质油、沥青烯和前沥青烯能被沥青充分溶解,残留的四氢呋喃不溶物含量相对较小,因而对沥青胶浆疲劳性能和低温性能影响比较小;而当 DCLR 掺量较高时,沥青胶浆中残留的四氢呋喃不溶物含量相对较高,这些不溶物又会充当矿粉,吸附沥青而导致沥青胶浆变硬、变脆,使得沥青胶浆疲劳性能和低温性能迅速下降。

综上,为保证沥青胶浆具有较好的疲劳性能和低温性能,推荐 DCLR 掺量不大于 10%。

6.5.2　粉胶比对 DCLR 改性沥青胶浆综合性能的影响

通过对不同粉胶比下的沥青胶浆的高、低温性能和疲劳性能随粉胶比变化的研究发现,粉胶比为 0.8~1.0 时的沥青胶浆的综合性能出现了较为明显的拐点,具体可分为三个阶段:

第一阶段,当粉胶比为 0.6~0.8 时,沥青胶浆的 $G^*/\sin\delta$ 值提高比较迅速,但 $G^*\sin\delta$ 值、S 值和 m 值却变化不大,此区间为沥青胶浆高、低温性能正相悖阶段。

第二阶段,当粉胶比为0.8~1.0时,沥青胶浆的$G^*/\sin\delta$值仍在不断提高,但提高幅度不显著,但$G^*\sin\delta$值、S值和m值有一定的变化,但变化幅度不明显,此区间为沥青胶浆高、低温性能平衡阶段。

第三阶段,当粉胶比为1.0~1.2时,沥青胶浆的$G^*/\sin\delta$值提高趋于平缓,但$G^*\sin\delta$值和S值却迅速增加,m值也相应减小,此区间为沥青胶浆高、低温性能负相悖阶段。

出现上述现象的主要原因在于当粉胶比小于1.0时,矿粉在富沥青中达到一种液固平衡,虽然矿粉含量有一定提高,但沥青胶浆中仍有一定的自由沥青,对沥青胶浆的流变性能影响不大;而当粉胶比大于1.0时,沥青胶浆逐步由沥青作用占主导过渡到矿粉作用突出的地位,沥青在富粉中形成一种固液平衡,自由沥青被矿粉吸收,越来越少,导致沥青胶浆稠度过大,易发脆、发硬,黏性流动能力降低,低温和疲劳性能急剧下降。

综上,在同一粉胶比下,沥青胶浆在高温性能与低温性能和疲劳性能的一致性上存在矛盾,高温性能好的沥青胶浆,其低温性能和疲劳性能相对较差,反之亦然。综合平衡沥青胶浆高、低温性能和疲劳性能,推荐粉胶比为1.0,此时沥青胶浆的综合性能最为优越。

6.6 本 章 小 结

通过分析不同DCLR改性沥青胶浆的$G^*/\sin\delta$值、m值和S值随DCLR掺量和粉胶比的变化规律,得出以下结论:

(1)DCLR的加入可以显著提高沥青胶浆的高温性能,但对胶浆的疲劳性能、低温性能有损害。当DCLR掺量高于10%时,DCLR的加入会显著降低沥青胶浆的低温性能和疲劳性能,结合沥青胶浆高、低温性能、疲劳性能,推荐DCLR的适宜掺量不高于10%。

(2)不同粉胶比会对沥青胶浆的性能有一定的影响,当粉胶比为0.6~0.8时,主要影响沥青胶浆的高温性能,当粉胶比为1.0~1.2时,主要影响沥青胶浆分低温性能和疲劳性能,结合沥青胶浆高、低温性能、疲劳性能,推荐粉胶比的适宜范围为0.8~1.0。

(3)DCLR掺量和粉胶比都对沥青胶浆的低温性能和疲劳性能有损伤,相对而言,DCLR掺量对沥青胶浆的损伤作用更明显。

本章参考文献

［1］　李文娟.基于三级分散体系的低标号沥青混合料设计原则研究［D］.广州：
华南理工大学,2014.

［2］　Standard Test Method for Determining the Rheological Properties of Asphalt
Binder Using a Dynamic Shear Rheometer（DSR）：AASHTOT315［S］. West
Conshohocken,PA,USA：AASHTO,2008.

［3］　Standard Test Method for Determining the Flexural Creep Stiffness of Asphalt
Binder Using the Bending Beam Rheometer（BBR）：AASHTOT313［S］. West
Conshohocken,PA,USA：AASHTO,2008.

［4］　季节,石越峰,索智,等.煤直接液化残渣对沥青胶浆黏弹性能的影响［J］.
交通运输工程学报,2015,15（04）：1-8.

［5］　季节,石越峰,李鹏飞,等.煤直接液化残渣和粉胶比对沥青胶浆高低温性
能的影响［J］.西安建筑科技大学学报（自然科学版）,2015,47（04）：
511-516.

［6］　许鹰,季节,赵永尚,等.煤直接液化残渣改性沥青胶浆高温性能研究［J］.
中外公路 2015,35（05）：235-239.

［7］　赵永尚.煤直接液化残渣改性沥青及其胶浆的性能研究［D］.北京:北京建
筑大学,2015.

［8］　季节,李鹏飞,索智,等.DCLR 掺量和粉胶比对沥青胶浆性能的影响分析
［J］.重庆交通大学学报（自然科学版）,2016,35（02）：35-39,178.

［9］　Ji J, Zhao Y S, Xu S F. Study on Properties of the Blends with Direct Coal
Liquefaction Residueand Asphalt［J］. Applied Mechanics&Materials,2014,488-
489：316-321.

［10］　Buttlar W, Bozkurt D, AlKhateeb G, et al. Understanding Asphalt Mastic
Behavior Through Micromechanics［J］. Transportation Research Record
Journal of the Transportation Research Board,1999,1681（1）：157-169.

［11］　Ahmadinia E,Zargar M,Karim M R,et al. Performance evaluation of utilization
of waste Polyethylene Terephthalate（PET）in stone mastic asphalt［J］.
Construction & Building Materials, 2012,36（6）：984-989.

［12］　Álvaro G. Self-healing of open cracks in asphalt mastic［J］. Fuel,2012,93
（1）：264-272.

［13］　Hirato T,Murayama M,Sasaki H. Development of high stability hot mix asphalt concrete with hybridbinder ［J］. Journal of Traffic and Transportation Engineering (English Edition)，2014,1(6):424-431.

［14］ 李智慧,谭忆秋.应用流变学研究沥青胶浆最佳粉胶比的确定方法[J].中外公路,2014,34(04):294-298.

［15］ 李涛,扈惠敏.矿粉对沥青胶浆性能的影响[J].合肥工业大学学报(自然科学版),2013,36(08):983-987.

［16］ 邢明亮,陈拴发,关博文,等.高粘沥青胶浆抗剪性能评价与分析[J].武汉理工大学学报,2013,35(06):60-64.

［17］ 丁红霞,程国香,张建峰.SHRP 评价改性沥青的性能研究[J].石油沥青,2012,26(04):31-34.

［18］ 吴玉辉.矿粉含量对沥青胶浆性能的影响研究[J].公路交通科技(应用技术版),2008,25(09):35-38.

［19］ 冯浩.基于粘弹性理论的沥青胶浆试验特性研究[D].长沙:长沙理工大学,2008.

［20］ 李曙斌.沥青胶浆高温及疲劳性能研究[J].交通科学与工程,2018,34(01):13-18,73.

［21］ 牛力达.粉煤灰复合改性沥青胶浆路用性能的研究[D].哈尔滨:哈尔滨工业大学,2015.

［22］ 郭利平,等.基于高温和粘结性能的橡胶沥青胶浆性能研究[J].武汉理工大学学报,2012,34(01):46-51.

［23］ 孟勇军,张肖宁.添加剂对沥青胶浆高温性能的影响[J].公路交通科技,2006,23(12):14-17.

［24］ 王树杰.基于高低温及疲劳性能的沥青胶浆流变特性研究[D].重庆:重庆交通大学,2015.

［25］ 邢明亮,陈拴发,关博文,等.高粘沥青胶浆低温性能评价与分析[J].西安建筑科技大学学报(自然科学版),2013,45(03):416-421.

［26］ 刘丽,郝培文,肖庆一,等.沥青胶浆高温性能及评价方法[J].长安大学学报(自然科学版),2007,27(5):30-34.

［27］ 郑南翔,等.沥青胶浆的低温性能试验研究[J].重庆交通学院学报,2005,24(1):53-56.

［28］ 刘丽,郝培文.沥青胶浆低温性能及评价方法研究[J].公路,2005,08:139-142.

［29］ 袁燕,等.改性沥青胶浆的疲劳评价研究现状[J].中外公路,2005,25

(04):163-166.

[30] 许新权,等.粉胶比对沥青胶浆高低温性能的影响[J].长安大学学报(自然科学版),2020,40(04):14-27.

[31] 倪玮.矿粉对沥青胶浆流变性能影响研究[J].现代交通技术.2019,16(04):12-15.

[32] 郑传峰,等.粉胶比对沥青胶浆低温粘结强度的影响[J].吉林大学学报(工学版),2016,42(02):426-431.

[33] 冯玉鹏.粉胶比对沥青胶浆低温影响效应分析[D].长春:吉林大学,2016.

[34] 李曙斌.沥青胶浆高温及疲劳性能研究[J].交通科学与工程,2018,34(01):13-18.

[35] 莫定成.填料类型对沥青胶浆性能的影响研究[J].石油沥青,2020,34(02):11-16.

[36] 寇长江,等.SBS改性沥青高温流变性能与相态结构的关系[J].材料科学与工程学报,2017,35(06):906-910.

[37] 牛永宏,等.粉胶比对SBS改性沥青胶浆力学性能的影响分析[J].施工技术,2017,46(15):88-92.

[38] 曾梦澜,等.矿物填料种类与含量对沥青胶浆PG分级的影响[J].湘潭大学学报(自然科学版),2017,39(02):13-19.

[39] 林梅,等.矿粉对沥青胶浆流变性能影响及微观分析[J].功能材料,2020,51(06):6150-6157.

[40] 李曙斌.试验条件对沥青胶浆流变特性影响研究[J].中外公路,2018,38(05):246-249.

第7章 煤直接液化残渣改性沥青混合料性能

通过对 DCLR 改性沥青及沥青胶浆性能的研究发现,DCLR 的加入能够提高沥青及沥青胶浆的高温性能和感温性能,但对其低温性能和疲劳性能有所损伤,而真正应用在道路工程中的是沥青混合料,其性能对路面使用状况更为重要。本章基于 DCLR 改性沥青及沥青胶浆的性能,设计了 AC-20 型 DCLR 及复合 DCLR 改性沥青混合料,对其高温性能、低温性能、黏弹性能、流变性能等进行评价,并与 SK-90 沥青混合料和 SBS 改性沥青混合料的性能进行对比分析,以期探索 DCLR 及复合 DCLR 改性沥青混合料的性能变化规律,指导 DCLR 改性沥青混合料的应用。另外,由于 DCLR 及复合 DCLR 改性沥青混合料具有良好的高温抗变形能力,本章重点研究了其高温抗变形能力,并对含有 DCLR 及复合 DCLR 改性沥青混合料的路面力学行为以及车辙演变规律进行了分析。

7.1 煤直接液化残渣改性沥青混合料配合比设计

7.1.1 集料

粗、细集料均为产自河北三河地区的石灰岩,矿粉为石灰岩磨细矿粉,根据《公路工程集料试验规程》(JTG E42—2005)中的相关规定对集料进行性能检测,见表 7-1 ~ 表 7-3。

粗集料的性能 表 7-1

试验项目	4.75~9.5mm	9.5~20mm	技术要求	试验方法
表观密度(g/cm³)	2.80	2.85	≥2.60	T 0308
毛体积密度(g/cm³)	2.71	2.76	—	T 0308
石料压碎值(%)	—	21.2	≤ 2.0	T 0316
洛杉矶磨耗损失(%)	—	17.8	≤ 28	T 0317
水洗法 <0.075mm 颗粒含量(%)	0.1	0.2	≤ 1.0	T 0310

细 集 料 的 性 能 表 7-2

试 验 项 目	试 验 结 果	技 术 要 求	试 验 方 法
表观密度(g/cm³)	2.78	≥2.60	T 0328
毛体积密度(g/cm³)	2.68	—	T 0330
棱角性(s)	43.2	≥30	T 0345
砂当量(%)	65.0	≥60	T 0334

矿 粉 性 能 表 7-3

试 验 项 目		测试结果	技 术 标 准	试 验 方 法
表观密度(g/cm³)		2.73	≥2.5	T 0328
含水率(%)		0.52	≤1	T 0332
粒度范围	<0.075mm	100	100	T 0327
	<0.15mm	99.75	90 ~ 100	
	<0.6mm	88.56	75 ~ 100	
亲水系数		0.71	<1	T 0353
塑性指数		2.8	<4	T 0354

由表 7-1 ~ 表 7-3 可知,粗、细集料和矿粉的性能均符合《公路沥青路面施工技术规范》(JTG F40—2004)中的相关技术要求。

7.1.2 沥青

沥青分别采用 SK-90 沥青、SBS 改性沥青、DCLR 改性沥青和复合 DCLR 改性沥青。其中 DCLR 改性沥青是以 SK-90 为基质沥青,在其中加入 5% DCLR(与基质沥青质量比);复合 DCLR 改性沥青是在 DCLR 改性沥青中添加 2% SBS(与基质沥青质量比)和 15% 橡胶粉(与基质沥青质量比)。4 种沥青的制备及性能见第 5 章中的相关章节。

7.1.3 级配设计

沥青混合料的类型采用 AC-20C 型,如图 7-1 所示。

7.1.4 最佳沥青用量

采用马歇尔设计方法确定 4 种沥青混合料的油石比,均为 4.3%。根据《公路工程沥青及沥青混合料试验规程》(JTG E20—2011)中的相关规定,测试了最佳油石比下 4 种沥青混合料的体积及力学参数,见表 7-4。

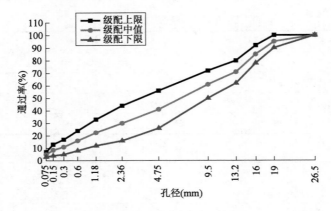

图 7-1　AC-20 沥青混合料级配

不同沥青混合料各项体积指标　　　　　　　　　　　表 7-4

指　　标	SK-90 沥青混合料	SBS 改性 沥青混合料	DCLR 改性 沥青混合料	复合 DCLR 改性 沥青混合料
毛体积密度(g/cm³)	2.422	2.560	2.503	2.547
最大理论密度(g/cm³)	2.596	2.615	2.632	2.623
空隙率 VV(%)	4.4	4.5	4.3	4.6
矿料间隙率 VMA(%)	13.3	13.3	13.2	13.3
沥青饱和度 VFA(%)	68.1	65.2	67.4	66.5
稳定度(kN)	13.81	14.26	16.81	18.57
流值(mm)	3.31	3.84	3.82	2.71

7.1.5　高温性能

根据《公路工程沥青及沥青混合料试验规程》(JTG E20—2011)中的相关规定测试 4 种沥青混合料的高温性能,见表 7-5。

不同沥青混合料的高温稳定性能　　　　　　　　　　表 7-5

混合料类型	45min 车辙深度 (mm)	60min 车辙深度 (mm)	动稳定度 (次/mm)	技术标准 (次/mm)
SK-90 沥青混合料	7.545	8.213	944	≥800
SBS 改性沥青混合料	4.321	4.591	2452	≥2400
DCLR 改性沥青混合料	4.541	4.784	2605	≥2400
复合 DCLR 改性沥青混合料	2.157	2.221	9868	≥2400

从表 7-5 可以看出：

（1）4 种沥青混合料均具有较好的高温性能，动稳定度均满足《公路沥青路面施工技术规范》（JTG F40—2004）中的技术要求。其中复合 DCLR 改性沥青混合料的动稳定度最大，接近 10000 次/mm，DCLR 改性沥青混合料和 SBS 改性沥青混合料次之，且二者较为接近，SK-90 沥青混合料动稳定度最小。

（2）DCLR 的加入可以有效改善沥青混合料的高温性能，已达到 SBS 改性沥青混合料的水平。同时，复合 DCLR 的加入可以进一步强化沥青混合料的高温性能，这主要是因为在复合 DCLR 改性沥青中加入了 15% 橡胶粉和 2% SBS，进一步提高了混合料的高温抗变形能力。

7.1.6　低温性能

根据《公路工程沥青及沥青混合料试验规程》（JTG E20—2011）中的相关规定测试 4 种沥青混合料的低温性能，见表 7-6。

不同沥青混合料的低温性能　　　　　　　　　　　　　　　　表 7-6

混合料类型	抗弯拉强度（MPa）	弯曲劲度模量（MPa）	破坏应变（$\mu\varepsilon$）	技术标准（$\mu\varepsilon$）
SK-90 沥青混合料	7.59	2828	2683	≥2000
SBS 改性沥青混合料	9.63	3137	2798	≥2500
DCLR 改性沥青混合料	5.89	3795	1552	≥2500
复合 DCLR 改性沥青混合料	7.58	2708	3070	≥2500

从表 7-6 可以看出：

（1）复合 DCLR 改性沥青混合料的低温破坏应变最大，其次是 SBS 改性沥青混合料和 SK-90 沥青混合料，DCLR 改性沥青混合料的低温破坏应变最小，已不满足《公路沥青路面施工技术规范》（JTG F40—2004）中的要求。DCLR 的加入导致沥青混合料的低温性能降低，这主要是因为 DCLR 的加入增加了沥青混合料的低温脆性，使得沥青混合料容易在低温环境下出现开裂问题。

（2）相对于 DCLR 改性沥青混合料，复合 DCLR 改性沥青混合料的低温抗裂性能得到了大幅改善，其低温破坏应变提高了 80%，已高于 SBS 改性沥青混合料的水平。这是由于复合 DCLR 中 SBS 和橡胶粉的加入，在混合料中生成了完整的网状结构，为胶浆增加了变形空间和抗变形能力，为混合料提供了足够的黏结力，从而显著提高了混合料的低温抗开裂能力。

7.1.7 水稳定性

根据《公路工程沥青及沥青混合料试验规程》（JTG E20—2011）中的相关规定,对 4 种沥青混合料进行水稳定性测试,见表 7-7。

不同沥青混合料的水稳定性能　　　　　　表 7-7

混合料类型	残留稳定度 （%）	技术标准 （%）	TSR （%）	技术标准 （%）
SK-90 沥青混合料	80.1	≥75	76.4	≥70
SBS 改性沥青混合料	84.4	≥80	84.2	≥75
DCLR 改性沥青混合料	83.6	≥80	83.8	≥75
复合 DCLR 改性沥青混合料	100.1	≥80	86.6	≥75

从表 7-7 可以看出:4 种沥青混合料的残留稳定度和 TSR 都满足《公路沥青路面施工技术规范》（JTG F40—2004）中的技术要求,其中复合 DCLR 改性沥青混合料的残留稳定度最大,其次是 SBS 改性沥青混合料和 DCLR 改性沥青混合料,SK-90 沥青混合料最低。DCLR 的加入显著提高沥青混合料的抗水损害能力,基本上达到 SBS 改性沥青混合料的水平,尤其是复合 DCLR 的加入可进一步提高沥青混合料的水稳定性。这主要是因为 DCLR 中存在杂原子,增大了沥青与集料之间的黏附程度,而复合 DCLR 中的 SBS 和橡胶粉会进一步提高沥青与集料之间的黏结力,增加了沥青膜的抗剥离能力,提高了混合料的水稳定性。

7.2 煤直接液化残渣改性沥青混合料的黏弹性能

利用动态模量主曲线以及 CAM 模型研究 DCLR 加入对沥青混合料黏弹性能的影响。

7.2.1 动态模量试验理论与方法

目前动态模量已经成为很多国家、地区沥青路面结构设计中必需的参数,美国 AASHTO《新建路面和再生路面 2002 设计指南》及 NCHRP 项目 1-37A 推出的《沥青路面力学——经验设计方法指南》均将动态模量列为路面设计的基本设计参数之一。我国在《公路沥青路面设计规范》（JTG D50—2017）中也正式采用20℃、10Hz 的动态模量作为设计参数,彻底取代了原先使用的静态模量。

动态模量试验的输出结果主要有 3 个,分别为复数模量 E^* 、动态模量 $|E^*|$ 和相位角 φ。顾名思义,复数模量是复数,实部是储存模量,虚部为损失模量,可以用来描述黏弹性材料动态力学响应特性。动态模量是复数模量的模,体现了材料抵御形变的性能。相位角 δ 代表材料的黏性性质与弹性性质比重大小,其中纯黏性流体的相位角为 90°,纯弹性材料的相位角为 0°。动态模量的计算见式(7-1)和式(7-2),试验加载波形如图 7-2 所示。

$$|E^*| = \frac{\sigma_{\mathrm{amp}}}{\varepsilon_{\mathrm{amp}}} \tag{7-1}$$

$$\varphi = 2\pi f \Delta t \tag{7-2}$$

式中:σ_{amp}——应力幅值;

$\varepsilon_{\mathrm{amp}}$——应变幅值;

f——加载频率;

Δt——应变应力滞后时间。

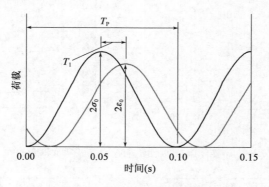

图 7-2 动态模量试验加载模式

采用 UTM-25 对 4 种沥青混合料进行动态模量测试,根据《公路工程沥青及沥青混合料试验规程》(JTG E20—2011)中 T 0738—2011 剪切压实仪成型。采用正弦波荷载应力控制模式,试验温度分别为 5℃、15℃、35℃、50℃,无围压条件,分别测试 4 种沥青混合料在 25Hz、10Hz、5Hz、1Hz、0.5Hz、0.1Hz 下的动态模量。

7.2.2 不同沥青混合料的动态模量和相位角

4 种沥青混合料在不同试验温度和频率下的动态模量和相位角变化,如图 7-3 ~ 图 7-6 所示。

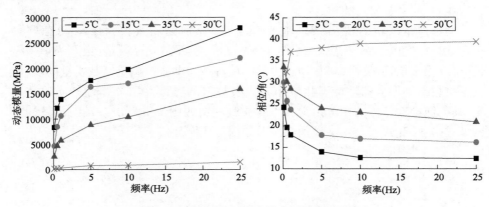

图 7-3 DCLR 改性沥青混合料动态模量和相位角

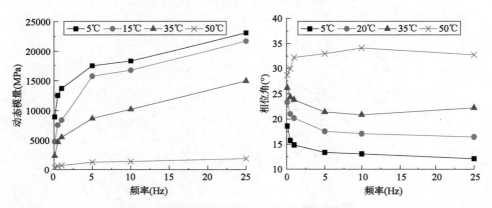

图 7-4 复合 DCLR 改性沥青混合料动态模量和相位角

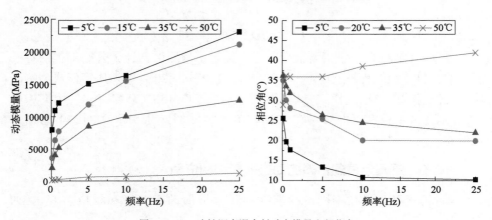

图 7-5 SBS 改性沥青混合料动态模量和相位角

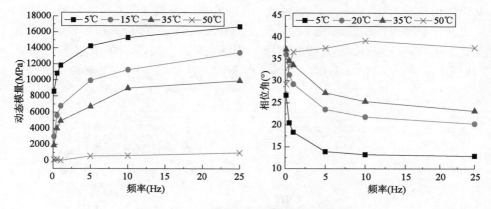

图 7-6　SK-90 沥青混合料动态模量和相位角

由图 7-3 ~ 图 7-6 可知:

(1)在同一温度下,沥青混合料的动态模量随加载频率增大而增大;在同一加载频率下,沥青混合料的动态模量随温度升高而降低。在高温、低频作用下,沥青混合料的动态模量处于最低点,这也是夏季慢速车道和停车场等区域容易出现车辙病害的原因。同时,沥青混合料的动态模量在 0.1 ~ 5Hz 之间增长比较迅速,而在 5Hz 之后,慢慢趋于稳定。

(2)在 15℃、10Hz 频率下,DCLR 和复合 DCLR 改性沥青混合料的动态模量分别为 17008MPa 和 16723MPa。根据法国 HMA 规范 NF P98-140 中的技术要求,在 15℃、10Hz 作用下,高模量沥青混合料的动态模量应该高于 14000MPa。因此,DCLR 和复合 DCLR 改性沥青混合料均满足高模量沥青混合料的技术标准。

(3)相位角可以有效地表征沥青混合料的黏弹性质,相位角越小,沥青混合料越多地表现为弹性,反之更为接近黏性性质。当温度低于 35℃ 时,加载频率越高,沥青混合料的相位角越小,且在 0.1 ~ 5Hz 之间相位角下降比较迅速,而在 5Hz 之后趋于稳定。但当温度高于 35℃ 时,相位角随加载频率的提高而增大,在 0.1 ~ 1Hz 之间增长比较迅速,而在 1Hz 之后趋于稳定。这反映出沥青混合料在低温、高频时更多地表现为弹性,而在高温、低频或高温、高频时,更多地表现为黏性。同时,温度对沥青混合料黏弹性能的影响高于加载频率的影响。

(4)当加载频率一定时,温度升高,沥青混合料的相位角增大,说明其在高温时更多表现为黏性。这是由于在高温条件下,沥青升温软化,此时集料发挥更多的骨骼作用,为混合料提供强度与抗变形能力。集料几乎可以视为纯弹性体,

161

其相位角接近于 0°,因此可以观察到沥青混合料的相位角有变小的趋势。

由于道路上行驶的车辆速度大多为 65 ~ 70km/h,因此,70km/h 车速下的路面状态最具有代表性,最能反映路面的使用性能。图 7-7 为加载频率为 10Hz(相当于车速 65 ~ 70km/h)时,测得 4 种沥青混合料在不同温度下的动态模量和相位角。

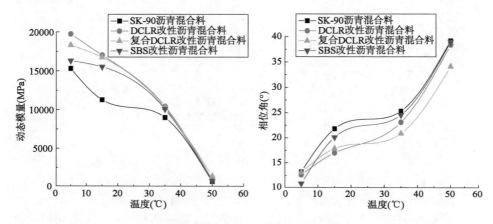

图 7-7　10Hz 下不同沥青混合料动态模量和相位角

从图 7-7 可以看出:

(1)在各个温度下,DCLR 和复合 DCLR 改性沥青混合料的动态模量均高于 SK-90 沥青混合料和 SBS 改性沥青混合料,相位角均小于后两者。随着温度的上升,4 种沥青混合料的动态模量均出现迅速下降的现象。在 0 ~ 35℃ 之间,DCLR 和复合 DCLR 改性沥青混合料的动态模量远高于 SK-90 沥青混合料和 SBS 改性沥青混合料。在 35℃ 之后,4 种沥青混合料的动态模量比较接近,但 DCLR 和复合 DCLR 改性沥青混合料的动态模量始终高于其他两种沥青混合料。这说明 DCLR 改性沥青混合料和复合 DCLR 改性沥青混合料具有更为出色的抵抗永久变形的能力。

(2)当温度升高时,4 种沥青混合料的相位角均呈现上升趋势。在 5 ~ 15℃ 和 35 ~ 50℃ 这两个区间,4 种沥青混合料相位角增长比较迅速,在 15 ~ 35℃ 之间,相位角增长比较平缓。在 20 ~ 30℃ 之间,DCLR 和复合 DCLR 改性沥青混合料的相位角曲线出现交叉。在高温条件下,复合 DCLR 改性沥青混合料的相位角要小于 DCLR 改性沥青混合料,这是由于复合 DCLR 改性沥青中加入了 SBS 和橡胶粉,具有更好的高温性能,因此在高温条件下显示出更加明显的弹性性质。

7.2.3　不同沥青混合料的动态模量主曲线

基于时间-温度等效原理,采用西格莫德(Sigmoidal)函数对动态模量数据进行拟合,得到 4 种沥青混合料在 35℃下的动态模量主曲线。Sigmoidal 函数见式(7-3),动态模量主曲线如图 7-8 所示。

$$\lg(E^*) = \delta + \frac{\alpha}{l + e^{\beta + [\lambda \times \lg(1/w_{\mathrm{red}})]}} \tag{7-3}$$

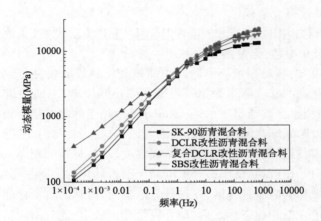

图 7-8　不同沥青混合料的动态模量主曲线

从图 7-8 可以看出:

(1)复合 DCLR 改性沥青混合料的动态模量最高,其次为 DCLR 和 SBS 改性沥青混合料,SK-90 沥青混合料最低,且 4 种沥青混合料的动态模量均随着加载频率的升高而增大,说明 DCLR 和复合 DCLR 的加入,尤其是复合 DCLR 的加入可以提高沥青混合料在高温环境下抵抗变形的能力。

(2)当加载频率低于 0.1Hz 时,复合 DCLR 改性沥青混合料的动态模量远远高于其他 3 种沥青混合料,但当加载频率高于 0.1Hz 后,复合 DCLR 改性沥青混合料的动态模量与 DCLR 改性沥青混合料比较接近,但仍高于 SBS 改性沥青混合料和 SK-90 沥青混合料。这说明 DCLR 及复合 DCLR 改性沥青混合料无论在高频区还是低频区均具有很强的抗变形能力。如果把 DCLR 及复合 DCLR 改性沥青混合料应用在停车场、服务区、爬坡车道、慢速车道等,可以很有效地预防车辙等病害。

7.2.4　不同沥青混合料的黏弹特性

使用 CAM 模型对 DCLR 改性沥青混合料动态模量主曲线进行分析,可以对其黏弹特性进行定量分析。CAM 模型中的复数模量主曲线的方程见式(7-4)。

$$G^* = G_e^* + \frac{G_g^* - G_e^*}{\left[\,1 + (f_c/f')^{\,k}\,\right]^{\,m_e/k}} \tag{7-4}$$

式中:G_e^*——平衡态复数模量;

$\quad G_g^*$——玻璃态复数模量;

$\quad f_c$——弹性极限阈值,标志着沥青混合料从黏性流动状态变为流变状态;

m_e、k——形状参数,无量纲。

由图 7-8 可知,在低温或高频阶段主曲线变化趋势放缓,接近水平线,此时定义进入极限状态的起点频率为第一极限频率。同样地,主曲线进入高温或低频阶段时,主曲线也会逐渐趋于水平,该部分极限状态的起点频率记为第二极限频率。这两个极限频率之间的区域称为流变区,流变区是材料研究的对象区间,在这个区间之内,材料的流变性能受频率和温度影响,材料的相态变化也主要发生在这个区间内。相应地,低于第一极限频率的区域称为低频稳态区,高于第二极限频率的区域称为高频稳态区,在这部分范围内,材料的流变性能不再依赖于频率和温度。进入低频稳态区之后,动态模量趋于稳定,此时的模量就是平衡态复数模量 G_e^*。同理,高频稳定区中观测的模量为玻璃态复数模量 G_g^*。除此之外,材料低频稳定区与流变区的交界点定义为低频转折点 f_c,流变区和高频稳定区的交界点定义为高频转折点 f_c'。

G_e^* 和 G_g^* 在对数坐标上的截距记为 R,R 和形状参数 m_e 和 k 有关,R 越大则材料越倾向于从弹性性质转化为黏性性质,R 的计算公式见式(7-5)。

$$R = \lg \frac{2^{m_e/k}}{1 + (2^{m_e/k} - 1)\,G_e^*/G_g^*} \tag{7-5}$$

使用 CAM 模型进行拟合,CAM 模型黏弹参数见表 7-8 及图 7-9。

CAM 模型黏弹参数　　　　　　　　　　　　　　表 7-8

因　　子	DCLR 改性沥青混合料	复合 DCLR 改性沥青混合料	SK-90沥青混合料	SBS 改性沥青混合料
G_e^*	152.9	208.4	90.1	95.1
G_g^*	34043.2	33532.0	15920.7	24787.2

因 子	DCLR 改性 沥青混合料	复合 DCLR 改性 沥青混合料	SK-90 沥青混合料	SBS 改性 沥青混合料
f_c	1.25	7.14	0.57	1.38
k	0.263	0.272	0.333	0.306
m_e	0.582	0.534	0.754	0.715
R	0.656	0.583	0.672	0.697
相关系数 R^2	0.999	1	1	0.999

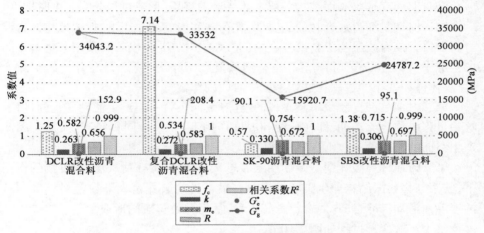

图 7-9 CAM 模型黏弹参数

从表 7-8 及图 7-9 可以看出:

(1)平衡态复数模量 G_e^* 描述了高温下沥青混合料抵抗车辙变形的能力,DCLR 和复合 DCLR 改性沥青混合料的 G_e^* 远大于 SK-90 沥青混合料和 SBS 改性沥青混合料。这说明 DCLR 的加入,尤其是复合 DCLR 的加入明显提升了沥青混合料的高温稳定性,赋予了材料良好的抗变形能力。

(2)玻璃态复数模量 G_g^* 和参数 f_c 表征了沥青混合料在低温条件下的抗变形能力,DCLR 和复合 DCLR 改性沥青混合料的 G_g^* 和参数 f_c 均高于 SBS 改性沥青混合料和 SK-90 沥青混合料,这说明在低温或极限高频荷载作用下,沥青起到重要的黏结作用,对沥青混合料的低温抗开裂能力有着重要影响,沥青混合料的模量取决于沥青与集料的相互作用。DCLR 改性沥青与集料具有更好的黏结力,因此具有更好的低温抗开裂能力。

(3)形状参数 m_e 和流变参数 R 反映了沥青混合料针对频率的敏感程度,m_e

和 R 数值很小,证明材料对频率十分不敏感。从拟合结果看,DCLR 和复合 DCLR 改性沥青混合料对频率敏感性要更低。

(4)4 种沥青混合料的 CAM 模型拟合相关度均在 0.999 以上,证明利用 CAM 模型可以正确描述上述 4 种沥青混合料的黏弹特性。

7.3 煤直接液化残渣改性沥青混合料的抗车辙性能

沥青路面变形是路面结构各层永久变形的积累,形成过程分为 3 个时期。

第一时期是沥青混合料的压实期:在荷载和温度的作用下,近似地将沥青混合料看成是沥青胶浆与集料的混合物,通过压实作用,使沥青胶浆填入集料之间的空隙中。结合工程实际来看,是车辆反复碾压路面,使沥青混合料的空隙变小、整体体积变小的过程。这就是第一阶段的车辙行为。

第二时期是沥青胶浆填满集料的空隙后,同集料一起产生流动变化的过程。这一过程统称为流动期,即在荷载和温度作用下,胶浆协同集料产生位移,因此产生路面的车辙行为。

第三时期称为破坏期。破坏期顾名思义,路面结构在荷载场、温度场的作用下,胶浆与集料的结构产生破坏的现象。最常见的破坏是大颗粒集料沿着颗粒的接触面滑动,导致沥青混合料骨架失稳,从而导致车辙的形成。

整个车辙变形过程如图 7-10 所示。

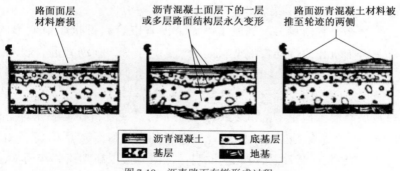

图 7-10　沥青路面车辙形成过程

大量实践研究表明,中、下面层是产生沥青面层车辙变形的主要层位。因此,沥青路面车辙研究的重心应该放在沥青面层的中、下面层的永久变形特性上。国内外研究沥青混合料永久变形试验的方法有很多值得借鉴,本书在试验条件允许的前提下使用三轴重复荷载试验和变温变压室内车辙试验,通过制定相应的试验条件和试验方案,对4种沥青混合料的抗车辙能力进行评价,对比分析4种沥青混合料在不同应力、温度下的永久变形、变形特性等规律,并结合相关力学理论,获得煤直接液化残渣沥青路面力学分析指标。

7.3.1　变温变压车辙试验设计

在常温下,沥青混合料的应力应变表现为线性应变,即应力与应变的比值为常数,但是在高温地区、重载条件下,沥青混合料本身的应力-应变特性由线性转化为非线性,因此,在选取试验参数(应力水平、荷载水平)时,应当拓宽水平范围,并选择实际行车荷载下沥青混合料受到的应力水平和温度条件。我国标准轴载接地压力为0.7MPa,并且《公路工程沥青及沥青混合料试验规程》(JTG E20—2011)中也规定车辙试验荷载为0.7MPa,但是大量现场轴载研究表明,单轴双轮组轴重为100kN时,对应的接地压力约为0.7MPa,占统计样本的70%左右,与此对应的单轴双轮组轴重为120～170kN,对应的接地压力范围在0.8～0.9MPa之间,轴重超过200kN时,统计样本频率已经很低,不具有统计意义。因此,本书将车辙试验荷载选定为0.7～1.0MPa,其中0.1MPa为平均间隔点。另外,《公路工程沥青及沥青混合料试验规程》(JTG E20—2011)中规定车辙试验温度为60℃,但在极寒地区,试验温度可以选取45℃,研究极端高温条件时,试验温度可以选取70℃,因此,本书将车辙试验温度选定为55～70℃,其中5℃为平均间隔点。

7.3.2　温度和荷载对不同沥青混合料抗车辙性能影响

4种沥青混合料在不同温度和荷载条件下测得的动稳定度和车辙深度结果见表7-9。4种沥青混合料的动稳定度和车辙深度与温度和荷载的关系如图7-11、图7-12所示。

不同沥青混合料车辙深度与动稳定度

表7-9

黏结料	试验温度 (℃)	动稳定度(次/mm)				车辙深度(mm)			
		0.7MPa	0.8MPa	0.9MPa	1.0MPa	0.7MPa	0.8MPa	0.9MPa	1.0MPa
SK-90	55	1025.5	981.2	933.0	859.4	3.7	4.2	5.0	6.4
	60	943.8	893.7	855.3	806.8	5.1	6.8	8.6	10.8
	65	886.2	855.7	826.0	786.3	6.7	8.6	10.2	12.4
	70	822.2	801.6	789.5	762.4	8.3	10.1	13.1	15.0

续上表

黏结料	试验温度 （℃）	动稳定度（次/mm）				车辙深度（mm）			
		0.7MPa	0.8MPa	0.9MPa	1.0MPa	0.7MPa	0.8MPa	0.9MPa	1.0MPa
SBS	55	3228.2	2994.5	2760.3	2526.8	2.8	3.2	3.8	4.4
	60	2450.3	2217.7	1983.1	1749.7	4.7	5.2	6.4	7.0
	65	1977.4	1797.5	1701.4	1489.5	6.3	6.2	7.5	8.1
	70	896.8	871.7	843.7	803.3	7.7	8.3	9.6	10.8
DCLR	55	3026.4	2737.3	26330	2365.9	1.1	1.3	1.5	1.5
	60	2604.8	2350.3	2268.8	2107.0	2.3	2.5	2.7	3.2
	65	2662.4	1912.3	1825.7	1712.1	3.4	4.0	4.3	4.8
	70	996.8	926.4	863.1	826.8	5.0	5.4	5.8	6.4
复合 DCLR	55	10624.0	9863.4	9559.6	9013.6	1.1	1.2	1.3	1.3
	60	9867.7	9262.5	887.25	8401.0	1.3	1.6	1.6	1.6
	65	9120.4	7950.8	6867.5	6070.6	1.6	1.7	1.9	1.99
	70	6001.0	5362.6	4634.9	3818.1	2.2	2.3	2.5	2.5

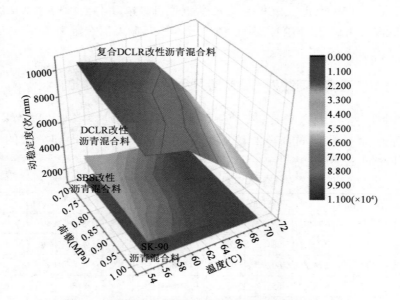

图 7-11　不同沥青混合料的动稳定度与温度和荷载的关系

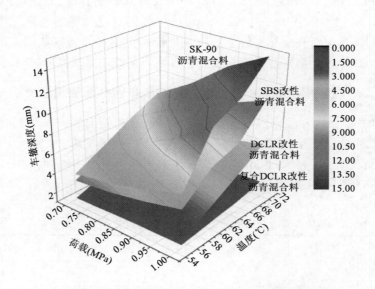

图 7-12 不同沥青混合料的车辙深度与温度和荷载的关系

由表 7-9 和图 7-11、图 7-12 可知:

(1)4 种沥青混合料的动稳定度随荷载和温度的升高而下降,但变化幅度不同,荷载和温度的升高导致动稳定度降低、车辙深度增加。当荷载在 55 ~ 70℃ 条件下从 0.7MPa 增加到 1.0MPa 时,沥青混合料的动态稳定性分别下降 12.3%、23.7%、25.0% 和 20.6%。此外,当温度在 0.7 ~ 1.0MPa 轮胎压力下从 55℃ 增加到 70℃ 时,沥青混合料的动态稳定性分别下降 16.2%、44.5%、66.4% 和 49.6%。可以推断,温度相比于荷载对永久变形具有更积极的影响。

(2)尽管 DCLR 和复合 DCLR 改性沥青混合料的动稳定度增长率减缓,但与 SK-90 沥青混合料和 SBS 改性沥青混合料对比,两者仍具有较高的动稳定度。在相同温度条件、荷载水平下,对比 SK-90 沥青混合料与 SBS 改性沥青混合料,DCLR 和复合 DCLR 改性沥青混合料对改善抗车辙性能有显著影响。复合 DCLR 改性沥青混合料具有最高的动稳定度,表明复合 DCLR 改性沥青混合料对温度和荷载的敏感性较低。与其他沥青混合料相比,复合 DCLR 改性沥青混合料具有更高的弹性、更大的刚度和更高的黏度。

(3)温度和荷载的增加导致沥青混合料的车辙深度增加,当荷载从 0.7MPa 增加到 1.0MPa 时,4 种沥青混合料的车辙深度分别增加 95.8%、25.7%、

34.4%和17.9%。当温度从55℃增加到70℃时,4种沥青混合料的车辙深度分别增加307%、137%、139%和93.1%,对比4种沥青混合料的车辙深度增加速率,温度对沥青混合料抗车辙性能的影响比荷载更明显。与其他沥青混合料相比,复合DCLR改性沥青混合料是改善沥青路面车辙性能的优选材料。

7.3.3 温度和荷载对不同沥青混合料抗车辙性能敏感性分析

利用方差分析方法,分析荷载、温度对4种沥青混合料抗车辙性能的影响程度。采用方差分析比较因素水平对多个样本的影响程度,在分析中,显著性因数(又称变异数)越大,表示该因素水平对某样本的影响程度越大。4种沥青混合料在不同温度和荷载下的动稳定度和车辙深度的方差分析 F 值,见表7-10。

不同沥青混合料的动稳定度和车辙深度方差分析 F 值　　　　　　表7-10

种　　类	动稳定度对应 F 值		车辙深度对应 F 值	
	荷载	温度	荷载	温度
SK-90沥青混合料	14.48	61.35	29.78	50.8
SBS改性沥青混合料	36.44	179.42	11.54	182.19
DCLR改性沥青混合料	18.72	288.56	17.12	254.12
复合DCLR改性沥青混合料	28.25	164.54	31.89	355.19

由表7-10可知:

(1)荷载对动稳定度和车辙深度的影响 F 值均小于温度的 F 值,说明温度为影响4种沥青混合料抗车辙性能的主要因素,荷载为次要因素。

(2)方差分析 F 值除了可以分析温度和荷载对4种沥青混合料抗车辙性能的影响程度外,还可以对比分析4种沥青混合料各自对温度、荷载变化的敏感性。其中,4种沥青混合料的动稳定度对荷载变化的敏感性排序为:SBS改性沥青混合料 > 复合DCLR改性沥青混合料 > DCLR改性沥青混合料 > SK-90沥青混合料;4种沥青混合料的动稳定度对温度变化的敏感性排序为:DCLR改性沥青混合料 > SBS改性沥青混合料 > 复合DCLR改性沥青混合料 > SK-90沥青混合料;4种沥青混合料的车辙深度对荷载变化的敏感性排序为:复合DCLR改性沥青混合料 > SK-90沥青混合料 > DCLR改性沥青混合料 > SBS改性沥青混合料;4种沥青混合料的车辙深度对温度变化的敏感性排序为:复合DCLR改性沥青混合料 > DCLR改性沥青混合料 > SBS改性沥青混合料 > SK-90沥青混合料。

7.3.4 基于变温变压车辙试验的不同沥青混合料车辙预估模型

根据试验数据,利用 ORIGIN 软件进行数据回归分析,发现荷载与动稳定度、荷载与车辙深度之间呈幂指函数关系,如式(7-6)所示。

$$R_{\mathrm{DS,RD}}(T,P) = a_1 \cdot T + a_2 \cdot P + a_3 \qquad (7\text{-}6)$$

式中:$R_{\mathrm{DS,RD}}(T,P)$——沥青混合料的预估车辙性能(车辙深度/动稳定度);

T——温度,℃;

P——荷载,MPa;

a_1、a_2、a_3——回归系数,见表 7-11。

不同沥青混合料车辙性能回归系数 表 7-11

种　类	a_1	a_2	a_3	R^2
SK-90 沥青混合料	−378.73/16.94	−10.06/30.40	1815.08/−33.43	0.92/0.95
SBS 改性沥青混合料	−1635.55/7.71	−128.59/0.34	11320.89/−21.54	0.95/0.97
DCLR 改性沥青混合料	−1493.05/3.09	−115.33/0.29	10441.10/−17.15	0.91/0.99
复合 DCLR 改性沥青混合料	−6856.40/0.93	−320.64/0.07	33698.70/−3.72	0.92/0.96

7.3.5 三轴重复荷载试验设计

采用 UTM-25 对 DCLR 及复合 DCLR 改性沥青混合料进行三轴重复荷载试验。试验前先将试件用乳胶膜包裹起来,为提高试验精度,试件端部铺垫橡胶薄膜,将试件放入三轴室,并保证室内密闭,将三轴室置入空气浴中保温 4h 以上。

试验参数如下:在 0.01MPa 的竖向荷载下预加载 90s;试验温度分别为 50℃、60℃、70℃;应力水平分别为 0.7MPa、0.8MPa、0.9MPa、1.0MPa;加载形式为半正弦波间歇荷载(0.1s 加载,0.9s 卸载);围压为 138kPa。当重复荷载作用次数达到 10000 或试件累计变形达到试件实测高度的 5% 时,试验自动停止。

7.3.6 不同沥青混合料的抗永久变形能力

沥青混合料的永久变形分为 3 个时期。

第一时期为迁移期,荷载重复作用下永久变形迅速增大,但应变速率随荷载作用次数的增大而减小。

第二时期为稳定期,应变速率在一定范围内轻微波动,认为基本保持恒定,永久变形增量稳定。

第三时期为破坏期,此阶段应变增加速率加快,同时永久变形变化剧烈,如图 7-13 所示。

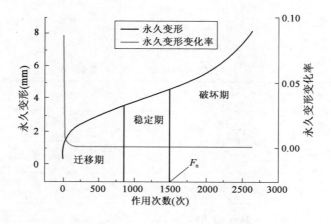

图 7-13　三轴重复荷载试验中的三阶段

NCRHP 报告中定义流动数 F_N 为第二、三时期对应的重复荷载作用次数的临界点。流变次数 F_N 与沥青混合料高温性能的相关性较好,流变数越大,表示沥青混合料抗永久变形的能力越强。VESYS 是麻省理工学院为美联邦公路局研究提供的沥青铺装层分析系统,该系统指出,沥青混合料承受大小一定的重复荷载作用,其永久变形特性可由幂指数形式表示,见式(7-7)。

$$\varepsilon = AN^B \tag{7-7}$$

式中:ε——永久变形,mm;

　　N——荷载作用次数,次;

　　A、B——非线性拟合参数。

对 4 种沥青混合料在不同温度和荷载作用下的第一、二时期的永久变形特性进行拟合,如图 7-14 ~ 图 7-17 所示。

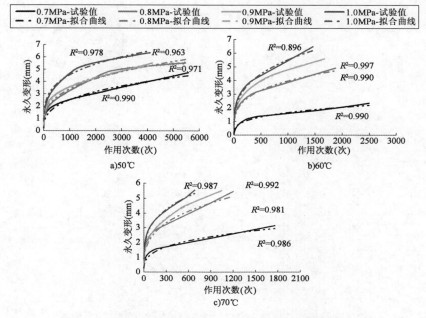

图7-14　DCLR改性沥青混合料永久变形与作用次数之间的关系

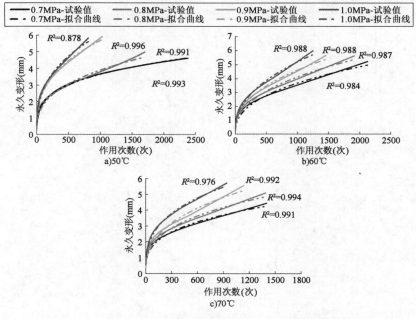

图7-15　复合DCLR改性沥青混合料永久变形与作用次数之间的关系

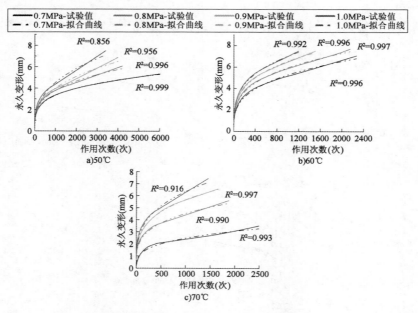

图 7-16　SBS 改性沥青混合料实测永久变形与作用次数之间的关系

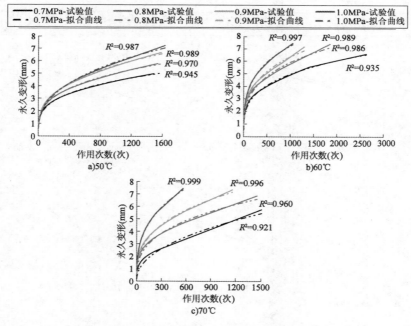

图 7-17　SK-90 沥青混合料永久变形与作用次数之间的关系

由图7-14～图7-17可知:4种沥青混合料永久变形与作用次数之间成良好的幂指数关系,相关系数 R^2 为0.878～0.999,拟合程度较高,即利用幂指数模型能够较好地反映沥青混合料的永久变形特性。

对4种沥青混合料的拟合参数 A、B 以及 F_N 与温度和荷载之间的关系进行拟合,如图7-18～图7-22所示。

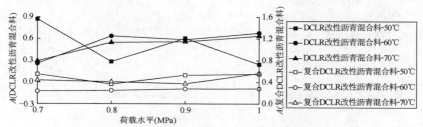

图7-18　不同温度下 DCLR 和复合 DCLR 改性沥青混合料的参数 A 随荷载的变化

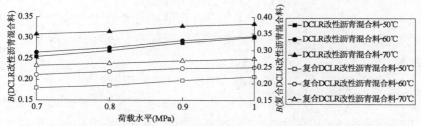

图7-19　不同温度下 DCLR 和复合 DCLR 改性沥青混合料拟合参数 B 随荷载的变化

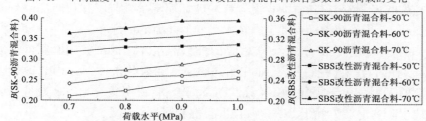

图7-20　不同温度下 SK-90 和 SBS 改性沥青混合料拟合参数 B 随荷载的变化

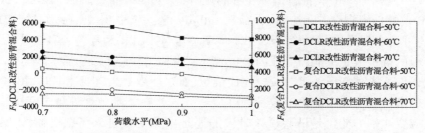

图7-21　不同温度下 DCLR 和复合 DCLR 改性沥青混合料的 F_N 随荷载的变化

175

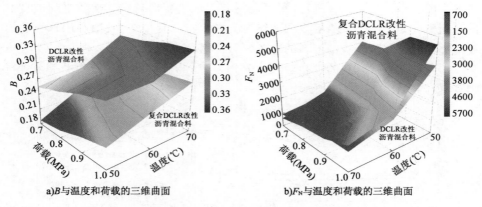

a)B与温度和荷载的三维曲面　　　　　　　b)F_N与温度和荷载的三维曲面

图7-22　DCLR 和复合 DCLR 改性沥青混合料 B、F_N 与温度和荷载的关系

由图 7-18 ~ 图 7-22 可知：

（1）DCLR 和复合 DCLR 改性沥青混合料的拟合参数 A 与温度和荷载的关系都没有明显的规律性，因此，不建议将 A 作为评价沥青混合料抗永久变形能力的指标。

（2）4 种沥青混合料在相同温度水平下，B 值随荷载的增大而增加，F_N 随荷载的增大而减小。在同一荷载作用下，温度越高，非线性拟合指数值越大，F_N 越小，说明温度和荷载与非线性拟合指数呈正相关，与 F_N 成负相关。非线性拟合指数越大或 F_N 越小意味着沥青混合料的破坏期越早，因此，建议将非线性拟合指数值和 F_N 作为评价沥青混合料抗永久变形能力的指标。

（3）DCLR 改性沥青混合料对应的非线性拟合指数的三维曲面在复合 DCLR 改性沥青混合料的上方，即在相同的温度和荷载条件下，DCLR 改性沥青混合料的 B 值均大于复合 DCLR 改性沥青混合料，说明复合 DCLR 改性沥青混合料抗永久变形能力优于 DCLR 改性沥青混合料。

（4）复合 DCLR 改性沥青混合料对应的 F_N 的三维曲面的大多数区域在 DCLR 改性沥青混合料上方，但在荷载 1.0MPa、温度 65℃ 附近，两个三维曲面有交叉，可见在高温、重载条件下，F_N 不能明显区分 DCLR 和复合 DCLR 改性沥青混合料的抗永久变形能力。原因是抗永久变形能力较差的沥青混合料在高温和重载条件下永久变形的第二阶段往往很短，而在计算永久应变速率时，相邻 2 次荷载的永久应变速率的差值数量级可小至 10^{-5}。在实际数据处理过程中，难以确定应变速率的变化是试验误差带来的还是永久变形进入了第三阶段，因此，F_N 存在不确定性。

综上,非线性拟合指数 B 区分 DCLR 和复合 DCLR 改性沥青混合料的抗永久变形能力效果更加明显,因此,推荐非线性拟合指数 B 作为评价沥青混合料抗永久变形能力的指标。

7.3.7 温度和荷载对不同沥青混合料抗永久变形能力的影响

由图 7-19 ~ 图 7-20 可知:

(1)4 种沥青混合料具有相似的应变规律,即在相同温度下,随着荷载的增加,4 种沥青混合料的永久变形加速,破坏期越来越早。

(2)在相同温度下,非线性拟合指数随荷载增加而增加,在 50 ~ 70℃ 范围内,荷载以 0.1MPa 为间隔点,从 0.7MPa 增加至 1.0MPa 时,DCLR 和复合 DCLR 改性沥青混合料的非线性拟合指数分别增长了 3.7%、5.7%、3.2% 和 3.4%、4.8%、2.8%,累计增长 13.1% 和 11.3%;当荷载从 0.8MPa 增至 0.9MPa 时,4 种沥青混合料的非线性拟合指数的增长幅度均大于其他荷载区间,说明当荷载高于 0.8MPa 时,沥青混合料的抗永久变形能力衰退速度加快,会极大增加车辙产生的可能性。

图 7-23 为不同荷载下 DCLR 和复合 DCLR 改性沥青混合料的 B 值随温度的变化。

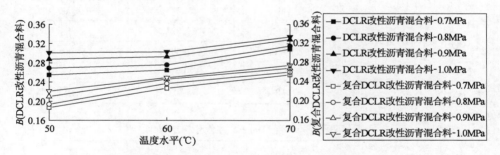

图 7-23 不同荷载下 DCLR 和复合 DCLR 改性沥青混合料的 B 值随温度的变化

由图 7-23 可知:

(1)在 0.7 ~ 1.0MPa 范围内,温度以 10℃ 为间隔点,从 50℃ 增加至 70℃ 时,DCLR 改性沥青混合料的非线性拟合指数增长率为 2.2% 和 13.1%,累计增长 15.3%;当温度由 60℃ 增加至 70℃ 时,非线性拟合指数的增长率激增,说明 DCLR 改性沥青混合料在温度大于 60℃ 时,其抗永久变形能力衰退明显。

(2)复合 DCLR 改性沥青混合料的非线性拟合指数随温度增长的趋势相对平缓,增长率为 14.8% 和 13.1%,累计增长 27.9%,尽管复合 DCLR 改性沥青混合料的非线性拟合指数值累计增长率大于 DCLR 改性沥青混合料,但在相同温度荷载条件下,复合 DCLR 改性沥青混合料的非线性拟合指数值均小于 DCLR 改性沥青混合料,这是由于复合 DCLR 改性沥青比 DCLR 改性沥青具有更大的硬度和更好的塑性。

通过上述分析可知:高温、重载耦合作用会加快 DCLR 和复合 DCLR 改性沥青混合料的变形;相同温度、荷载条件下,复合 DCLR 改性沥青混合料的抗永久变形能力优于 DCLR 改性沥青混合料。

7.3.8 温度和荷载对不同沥青混合料抗永久变形能力的敏感性分析

利用 ORIGIN 软件中的方差分析研究不同温度和荷载在 0.05 显著性水平下对 4 种沥青混合料抗永久变形能力的敏感性。表 7-12、表 7-13 为沥青混合料的 B 值、F_N 的方差分析结果。

不同沥青混合料的 B 值方差分析结果   表 7-12

种　类	因　素	F	P
SK-90 沥青混合料	温度(℃)	110.33	0
	荷载(MPa)	8.99	0
SBS 改性沥青混合料	温度(℃)	90.82	0
	荷载(MPa)	14.32	0.004
DCLR 改性沥青混合料	温度(℃)	69.824	0
	荷载(MPa)	22.009	0.001
复合 DCLR 改性沥青混合料	温度(℃)	120.177	0
	荷载(MPa)	8.893	0.013

不同沥青混合料的 F_N 方差分析结果   表 7-13

种　类	因　素	F	P
SK-90 沥青混合料	温度(℃)	60.89	0
	荷载(MPa)	9.3	0
SBS 改性沥青混合料	温度(℃)	70.88	0
	荷载(MPa)	2.5	0.001
DCLR 改性沥青混合料	温度(℃)	179.777	0
	荷载(MPa)	3.198	0.113
复合 DCLR 改性沥青混合料	温度(℃)	10.641	0.008
	荷载(MPa)	8.498	0.014

由表 7-12 和表 7-13 可知:4 种沥青混合料对应温度的 F 值均大于对应荷载的 F 值,即 4 种沥青混合料的永久变形能力对温度的敏感性高于荷载;在显著性水平为 0.05 的条件下,温度、荷载对 4 种沥青混合料的非线性拟合指数值均有显著性影响;荷载对 DCLR 改性沥青混合料的 F_N 没有显著性影响,非线性拟合指数在 0.05 显著性水平下可以反映温度、荷载变化对 4 种沥青混合料抗永久变形能力的影响,而 F_N 只在 0.113 显著性水平下才能适用。

综上,非线性拟合指数比 F_N 更适合作为评价 4 种沥青混合料抗永久变形能力的指标。

7.4　煤直接液化残渣改性沥青混合料的流变性能

随着道路建设飞速发展,对沥青路面的设计和路用性能提出更高的要求,这也使得沥青混合料的研究方向从宏观表征的完全经验型、路用试验型,向力学研究方向发展。由于沥青混合料是一种典型的黏弹性材料,将流变理论应用于沥青混合料的研究需要考虑两个问题:①哪种流变模型可以表征沥青混合料的材料属性;②如何标定、验证沥青混合料的流变参数。因此,本书旨在研究适用于 DCLR 改性沥青混合料的流变模型及流变参数,进而为 DCLR 改性沥青路面流变性能表征提供基础。

7.4.1　基于三轴重复荷载试验的 DCLR 改性沥青混合料流变模型

为表征沥青混合料的变形特性,研究人员已经提出了多种流变模型,由蠕变方程来表征模型的变形特性。Burgers 模型能反映沥青混合料瞬时弹性变形、黏弹性变形和塑性变形,对其外部黏壶进行修正的 Burgers 模型是目前被广泛认为可以较好描述沥青混合料高温抗变形规律的模型。修正的 Burgers 模型的黏弹参数均是从静载作用下的蠕变试验获得的,而静载试验并不能真实反映移动荷载作用于沥青路面的实际情况,因此,在静载下得到的修正 Burgers 模型的黏弹参数是否能表征沥青混合料的黏弹性能有待商榷。本节基于三轴重复荷载试验和修正的 Burgers 模型提出了二次修正的 Burgers 流变模型。

具体推导过程如下:

(1)将修正的 Burgers 模型看成一个黏壶修正的 Maxwell 和 Kelvin 的串联形式,遵循串联模型应力相等、应变叠加的原则。

(2)对 Maxwell 和 Kelvin 的加载和卸载过程的蠕变方程做推导。Maxwell 为黏壶和弹簧单元的串联形式。

加载过程中应变为：

$$\varepsilon = \varepsilon_e + \varepsilon_\eta, \varepsilon_e = \sigma/E, \varepsilon_\eta = \sigma t/\eta \tag{7-8}$$

卸载过程中应变为：

$$\varepsilon = \sigma t/\eta \tag{7-9}$$

Kelvin 为黏壶和弹簧单元的并联形式，遵循并联单元应变相等、应力叠加的原则。加载过程中应变为：

$$\varepsilon = \sigma/E(1 - e^{-Et/\eta}) \tag{7-10}$$

卸载过程中应变为：

$$\varepsilon = \sigma/E(1 - e^{-Et_0/\eta}) \cdot e^{-(t-t_0)E/\eta} \tag{7-11}$$

得到 Burgers 模型的加载和卸载蠕变方程。

加载过程中应变为：

$$\varepsilon = \sigma[1/E_0 + t/\eta_0 + 1/E_1(1 - e^{-Et/\eta})] \tag{7-12}$$

卸载过程中应变为：

$$\varepsilon = \sigma\{t_0/\eta_0 + 1/[E_1(1 - e^{-Et_0/\eta}) \cdot e^{-(t-t_0)E/\eta}]\} \tag{7-13}$$

（3）将黏壶 n_1 的修正形式带入原修正蠕变方程得到关于时间 t 的蠕变方程。修正的 Burgers 模型能较好地描述沥青混合料高温变形规律，对 Burgers 模型的修正是对模型中串联的黏壶的元件进行修正，取 $\eta = Ae^{Bt}$，A、B 为黏壶参数，将初始应力 σ_0 带入，并对边界条件求积分可以得到黏性流动变形：

$$\varepsilon_p = \frac{\sigma_0(1 - e^{-Bt})}{AB} \tag{7-14}$$

可见黏壶的黏度随加载时间增大，而黏性流动变形随加载时间减小，当 t 趋于无穷时，应变趋于一个定值，而不是趋于无穷大。得到修正的 Burgers 模型的加载和卸载应变方程。

加载过程中应变为：

$$\varepsilon = \sigma\left[\frac{1}{E_1} + \frac{1 - e^{-Bt}}{AB} + (1 - e^{-E_2t/\eta_2})\middle/ E_2\right] \tag{7-15}$$

卸载过程中应变为：

$$\varepsilon = \sigma\left[\frac{1 - e^{-Bt_0}}{AB} + (1 - e^{-E_2t/\eta_2})e^{-E_2(t-t_0)/\eta_2}\right] \tag{7-16}$$

（4）黏弹性材料的 Boltzmann 线性叠加原理定义，在 t 时刻的应力应变等于 $0 \sim t$ 时刻所有应变行为的总和；由牛顿第三定律可知，假设在 t 时刻卸载应力 σ，相当于施加一个反向的 $-\sigma$，因此加载和卸载的应变总和为：

$$\varepsilon(t) = \sigma_0\left[\frac{(1 - e^{-Bt_0})e^{-B(t-t_0)}}{AB} + e^{-E_2(t-t_0)/\eta_2}(1 - e^{-E_2t_0/\eta_2})\middle/ E_2\right] \tag{7-17}$$

180

（5）应力换算是根据三轴重复荷载试验中应力的加载形式确定。三轴试验的加载波形为半正弦波间歇荷载，其加载形式为：

$$\sigma_t = \begin{cases} \sigma\sin\dfrac{\pi}{t_0}t & 0 \leqslant t \leqslant t_0 \\ 0 & t_0 \leqslant t \leqslant T \end{cases} \tag{7-18}$$

其中，$t_0 = 0.1\text{s}$，$T = 1\text{s}$。将半正弦波的应力加载根据应力等效冲量原则，转化为等效的等量荷载，即对半正弦波做积分：

$$\int_0^{t_0} \sigma\sin\frac{\pi t}{t_0}\mathrm{d}t = \sigma_0 t_0 \tag{7-19}$$

求解得到等量荷载为：

$$\sigma_0 = \frac{2}{\pi}\sigma \tag{7-20}$$

（6）参考应变率求导的推导方法，将式（7-17）的变量由 t 转换为作用次数 N，将第 i 次产生的应变记为 ε_{Ni}，此时：

$$\varepsilon_{Ni} = \sigma_0\left[\frac{(1-\mathrm{e}^{Bt_0})\mathrm{e}^{-B[N-i]T+t_d}}{AB} + \frac{1}{E}(1-\mathrm{e}^{\frac{-E_2t_0}{\eta_2}})\mathrm{e}^{\frac{-E_2(t-t_0)}{\eta_2}}\right] \tag{7-21}$$

计算 N 次荷载作用后累积应变 $\varepsilon_N = \sum\limits_{I=1}^{N}\varepsilon_{Ni}$。此时，第 N 次的永久应变率为：

$$\varepsilon_N - \varepsilon_{N-1} = \sum_{I=1}^{N}\varepsilon_{Ni}\frac{\sigma_0(1-\mathrm{e}^{Bt_0})\mathrm{e}^{-B[N-i]T+t_d}}{AB} + \frac{1-\mathrm{e}^{-tt_0}}{E_2}(\mathrm{e}^{-\tau[(N-1)T+t_d]}) \tag{7-22}$$

对上式求积分可得永久变形量与 N 的函数关系，即最后用于计算的二次修正 Burgers 流变模型为：

$$\varepsilon = \frac{\sigma_0(\mathrm{e}^{Bt_0}-1)}{AB^2T}(1-\mathrm{e}^{-BTN}) + \frac{\sigma_0(\mathrm{e}^{\tau t_0}-1)}{E_2\tau T}(1-\mathrm{e}^{-\tau TN}) \tag{7-23}$$

式中：　ε——应变；

　　　　E——弹性模量；

　　　　T——时间；

　　　A、B——修正 Burgers 模型参数；

T——荷载周期；

t_0——加载时间；

ε_{PN}——第 N 次荷载作用后累计的永久应变；

σ_0——等效静态荷载轴向压应力水平；

$\tau = E_2/\eta_2$——修正 Burgers 模型并联弹簧和黏壶参数。

7.4.2　流变参数拟合

利用 ORIGIN 软件将不同应力、温度下的永久变形和轴载作用次数曲线与式(7-23)进行最小二乘法拟合，通过回归分析得到蠕变参数 A、B、ε_1、ε_2、η_1。具体参数见表 7-14 ~ 表 7-17。

复合 DCLR 改性沥青混合料蠕变参数　　　　表 7-14

温度 (℃)	荷载 (MPa)	A	B	E_2	η_1	E_1	R^2
50		1.2	1.49	4.12	138.67	7.56	0.878
60	0.7	0.94	1.42	3.994	137.55	6.86	0.96
70		1.13	1.23	3.652	133.39	4.96	0.994
50		1.14	1.43	4.012	132.43	6.96	0.987
60	0.8	1.05	1.34	3.85	130.03	6.06	0.992
70		0.86	1.15	3.508	124.59	4.16	0.78
50		0.78	1.38	3.922	122.83	6.46	0.876
60	0.9	1.09	1.07	3.364	116.11	3.36	0.897
70		0.64	0.93	3.112	107.15	1.96	0.981
50		0.91	1.2	3.598	102.51	4.66	0.94
60	1	0.6	0.89	3.04	92.91	1.56	0.934
70		0.44	0.73	2.752	80.75	0.76	0.971

DCLR 改性沥青混合料蠕变参数　　　　表 7-15

温度 (℃)	荷载 (MPa)	A	B	E_2	η_1	E_1	R^2
50		0.84	1.33	3.67	123.42	6.73	0.963
60	0.7	1.01	1.26	3.55	122.42	6.11	0.921
70		1.07	1.09	3.25	118.72	4.41	0.971

续上表

温度 （℃）	荷载 （MPa）	A	B	E_2	η_1	E_1	R^2
50		1.01	1.27	3.57	117.86	6.19	0.787
60	0.8	0.93	1.19	3.43	115.73	5.39	0.894
70		0.77	1.02	3.12	110.89	3.7	0.812
50		0.97	1.23	3.49	109.32	5.75	0.876
60	0.9	0.69	0.95	2.99	103.34	2.99	0.897
70		0.57	0.83	2.77	95.36	1.74	0.945
50		0.81	1.07	3.2	91.23	4.15	0.974
60	1	0.53	0.79	2.71	82.69	1.39	0.88
70		0.39	0.65	2.45	71.87	0.68	0.73

SBS 改性沥青混合料蠕变参数　　　　　　表 7-16

温度 （℃）	荷载 （MPa）	A	B	E_2	η_1	E_1	R^2
50		1.08	1.341	3.708	124.803	6.804	0.928
60	0.7	1.017	1.278	3.5946	123.795	6.174	0.93
70		0.846	1.107	3.2868	120.051	4.464	0.944
50		1.026	1.287	3.6108	119.187	6.264	0.95
60	0.8	0.945	1.206	3.465	117.027	5.454	0.947
70		0.774	1.035	3.1572	112.131	3.744	0.83
50		0.981	1.242	3.5298	110.547	5.814	0.926
60	0.9	0.702	0.963	3.0276	104.499	3.024	0.947
70		0.576	0.837	2.8008	96.435	1.764	0.998
50		0.819	1.08	3.2382	92.259	4.194	0.99
60	1	0.54	0.801	2.736	83.619	1.404	0.984
70		0.396	0.657	2.4768	72.675	0.684	0.975

SK-90 沥青混合料蠕变参数 表 7-17

温度 (℃)	荷载 (MPa)	A	B	E_2	η_1	E_1	R^2
50		0.721	0.894	2.472	83.202	4.536	0.998
60	0.7	0.678	0.852	2.3964	82.53	4.116	0.98
70		0.564	0.738	2.1912	80.034	2.976	0.914
50		0.684	0.858	2.4072	79.458	4.176	0.907
60	0.8	0.63	0.804	2.3101	78.018	3.636	0.912
70		0.516	0.69	2.1048	74.754	2.496	0.911
50		0.654	0.828	2.3532	73.698	3.876	0.996
60	0.9	0.468	0.642	2.0184	69.666	2.016	0.917
70		0.384	0.558	1.8672	64.29	1.176	0.901
50		0.546	0.72	2.1588	61.506	2.796	0.976
60	1	0.36	0.534	1.8241	55.746	0.936	0.954
70		0.264	0.438	1.6512	48.45	0.456	0.991

由表 7-14 ~ 表 7-17 可知，B 反映 η_1 的增长速率，遵循沥青温度越高、黏度越小的现象；E_2 也随温度升高而减小，反映并联弹簧的恢复变形能力，说明高温会导致较大的不可恢复的变形，即高温产生较多永久变形。A、B、E_1、E_2、η_2 与荷载大小无明显关系，拟合程度在 0.78 ~ 0.991 之间，拟合结果表示式(7-8)可以描述三轴重复荷载试验的蠕变曲线。

通过三轴重复荷载试验和基于三轴重复荷载试验的二次修正 Burgers 模型确定了 4 种沥青混合料的流变参数。虽然流变参数的拟合结果与试验值相关性高，但是只能表征流变参数可以反映沥青混合料在三轴重复荷载试验流变性能，流变参数是否可以表征沥青混合料的抗车辙性能还有待验证。

7.4.3 流变参数的有效性验证

利用 ABAQUS 软件建立变温变压室内车辙试验模型，对不同温度、荷载水平进行试验模拟，模拟计算车辙深度。通过将模拟得到的车辙深度值与室内变温变压车辙试验的实测车辙深度值进行对比来评价流变参数的有效性。本书建立 2D 模型计算平面壳单元应变。模型尺寸为 300mm × 5mm，与车辙板横截面尺寸相同，如图 7-24 所示。单元类型为实体壳单元，平面应变厚度设置为 300mm，边界条件完全参照车辙板试件，侧向和底部完全约束。

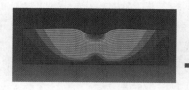 

有限元模拟车辙试验数值
与车辙试验数值对比

图 7-24　2D 有限元模型

在 ABAQUS 有限元软件中,不能识别基于三轴重复荷载试验的流变模型参数,因此将五参数转化成有限元软件能识别的 Prony 级数。经有限元计算得到模拟的车辙深度值与室内变温变压车辙试验的实测车辙深度值对比,如图 7-25 所示。

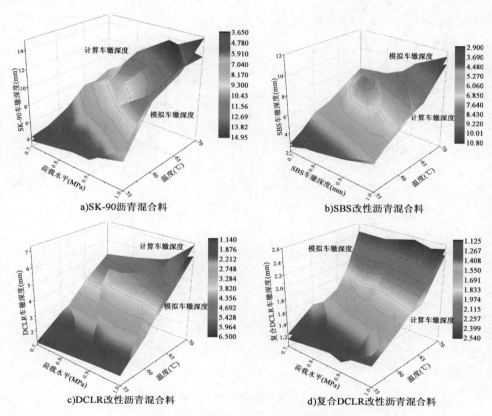

a)SK-90沥青混合料　　　　b)SBS改性沥青混合料

c)DCLR改性沥青混合料　　　　d)复合DCLR改性沥青混合料

图 7-25　不同沥青混合料模拟与实测车辙深度对比

由图 7-25 可知,4 种沥青混合料的模拟与实测车辙深度变化趋势一致,随温度升高、荷载增加而增大。模拟车辙深度的曲面相比于实测车辙深度的曲面有更大的凹凸变化,这是由于流变参数转化成 Prony 级数时的迭代误差造成的,由于运算限制,迭代次数为 2 次,迭代次数越多,Prony 级数与流变参数的相关性会更高。

为验证模拟结果的有效性,对 4 种沥青混合料的模拟与实测车辙深度进行最大误差百分比分析。由图 7-26 可知,4 种沥青混合料的最大误差比为13.2%,由此可认为所构建的模型及确定的模型参数是有效。

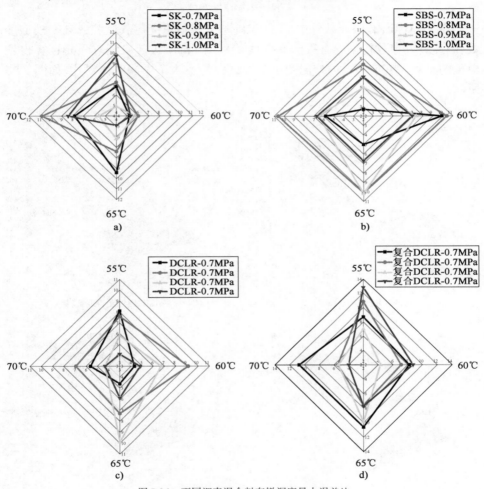

图 7-26   不同沥青混合料车辙深度最大误差比

7.4.4   不同车辙预估模型的有效性对比

通过基于二次修正 Burgers 流变模型建立相应的有限元模型,模拟计算 4 种

186

沥青混合料的车辙深度,并与基于现有修正 Burgers 模型的模拟车辙深度以及室内变温变压车辙试验的实测车辙深度进行对比分析,如图 7-27 所示。

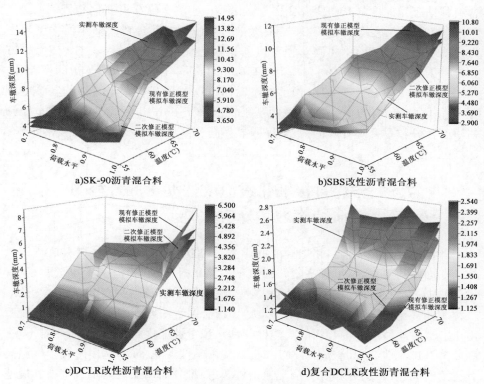

a)SK-90沥青混合料 b)SBS改性沥青混合料
c)DCLR改性沥青混合料 d)复合DCLR改性沥青混合料

图 7-27 预估及实测车辙深度对比

表 7-18 为利用二次修正的 Burgers 模型和现有修正 Burgers 模型计算 4 种沥青混合料的预估车辙深度与实测车辙深度之间的误差百分比及残差平方和。

预估与实测车辙深度误差比及残差平方和　　　　　　　表 7-18

种　　类	二次修正 Burgers 模型		现有修正 Burgers 模型	
	误差比（%）	残差平方和（%）	误差比（%）	残差平方和（%）
SK-90 沥青混合料	5 ~ 12	2.05	8 ~ 27	5.00
SBS 改性沥青混合料	4 ~ 11	2.21	5 ~ 26	8.74
DCLR 改性沥青混合料	3 ~ 12	3.10	8 ~ 35	7.36
复合 DCLR 改性沥青混合料	4 ~ 10	0.94	8 ~ 34	8.27

从图 7-27 和表 7-18 可以看出:

(1)利用现有修正 Burgers 模型和二次修正 Burgers 模型所得的 4 种沥青混合料预估车辙深度与室内变温变压车辙试验中实测车辙深度变化趋势一致。

(2)利用二次修正 Burgers 模型所得的 4 种沥青混合料预估车辙深度与室内变温变压车辙试验中实测车辙深度所得误差比范围为 3% ~12%,残差平方和范围为 0.94% ~3.10%,与基于现有修正 Burgers 模型预估的车辙深度相比,利用二次修正的 Burgers 模型预估的车辙深度误差比和残差平方和的区域范围分别缩小了 70% 和 60% 左右,说明基于二次修正 Burgers 模型所构建的车辙预估模型及参数是合理有效的,且精度明显提高,可以较准确地反映混合料的抗车辙性能。

7.5 含煤直接液化残渣改性沥青混合料的路面结构力学分析

评价一种沥青混合料路用性能的优劣,最准确的方式是将该材料放置于具体的路面结构中,通过足尺试验和铺筑试验路来进行观测,但前者对试验场地、设备要求过高,需要耗费大量人力和物力;后者则风险较高,一旦材料失效,会对工程工期甚至行车安全产生严重影响。因此,两种方法的使用都存在局限性。由于 DCLR 改性沥青混合料的高温性能和水稳定性能优越,低温性能相对不足,因此 DCLR 改性沥青混合料在应用时,从气候条件考虑,推荐应用于夏季气温高且持续时间长以及多雨地区;从交通条件考虑,推荐应用于道路重载交通和慢速交通多的地区;从混合料应用层位考虑,推荐用于路面结构的中、下面层或基层。因此,本节拟采用有限元分析的手段,将 DCLR 改性沥青混合料设置于路面结构的中面层,在环境温度和交通荷载耦合作用下,分析路面结构的车辙演化和沥青面层层底拉应力变化规律,为 DCLR 改性沥青混合料的工程应用提供理论依据。

7.5.1 路面温度场分析

沥青混合料是一种对温度和荷载极为敏感的材料,而路面结构内部温度分布极为复杂。从 21 世纪开始,伴随着温度传感器和大型有限元软件的使用,学者们对路面结构温度场的研究取得了很多进展。例如,在道路铺筑过程中,通过在各层层底预设温度传感器,采集一年四季路面各个结构层的温度,并使用统计回归的方法对路面温度场进行计算以及预测。此外,可以通过理论计算的方法来分析路面温度场,即通过研究气象学条件和路面结构层的传热关系获取路面结构温度情况。本书以北京地区的气象条件为例,通过使用有限元软件 ABAQUS 构建路面温度场分析模型,并结合子程序 FLUX 以及 FILM 对路面结构温度场进行研究。

根据以往研究,路面温度主要受以下几个因素影响:日最高气温 T_a^{max}、日最低气温 T_a^{min}、日太阳辐射总量 Q、有效日照时长 c 和日平均风速 v_w。每日太阳辐射变化可以通过式(7-24)~式(7-27)来计算。

$$q(t) = \begin{cases} 0 & 0 \leqslant t \leqslant 12 - \dfrac{c}{2} \\ q_0 \cos m\omega(t-12) & 12 - \dfrac{c}{2} \leqslant t \leqslant 12 + \dfrac{c}{2} \\ 0 & 12 + \dfrac{c}{2} \leqslant t \leqslant 24 \end{cases} \tag{7-24}$$

$$q_0 = 0.131mQ \tag{7-25}$$

$$m = \frac{12}{c} \tag{7-26}$$

$$\omega = \frac{2\pi}{24} \tag{7-27}$$

式中:q_0——日最大辐射量;

c——有效日照时长;

ω——角频率。

受太阳辐射的影响,大气温度出现周期性变化,可以通过式(7-28)中显示的两个线性正弦函数组合模拟日常气温。$\overline{T}_a$ 是日常的大气温度,可以从式(7-29)中获得。T_m 是大气温度的日振幅,可以用式(7-30)计算。t_0 是初始相位,通常取值为 9。h_c 是路面与大气之间的热交换系数,由式(7-31)计算得到。

$$T_a = \overline{T}_a + T_m[0.96\sin\omega(t-t_0) + 0.14\sin2\omega(t-t_0)] \tag{7-28}$$

$$\overline{T}_a = \frac{1}{2}(T_a^{max\,min}) \tag{7-29}$$

$$\overline{T}_m = \frac{1}{2}(T_a^{max\,min}) \tag{7-30}$$

$$h_c = 3.7v_w + 9.4 \tag{7-31}$$

有效的路面辐射与路面温度、大气温度、云层和空气湿度等复杂因素有关。在本书中通过式(7-32)来计算有效的路面辐射。

$$q_F = \varepsilon\sigma[(T_1|_{z=0} - T^z)^4 - (T_a - T^z)^4] \tag{7-32}$$

式中:q_F——有效路面辐射;

ε——辐射发射率,对于沥青路面通常取值为 0.81;

σ——Stefan-Boltzmann 常数取值为 $5.667 \times 10^{-8} \mathrm{W}/(\mathrm{m}^2 \cdot \mathrm{K}^4)$;

$T_1 \big|_{z=0}$——路面温度;

T^{Z}——绝对零度,通常取值为 $-273\,^{\circ}\mathrm{C}$。

温度场有限元分析模型同样为 2D 模型,路面结构如图 7-28 所示,模型的网格划分情况如图 7-29 所示。

上面层	4cm
中面层	6cm
下面层	8cm
基层	40cm
底基层	20cm

图 7-28　路面结构

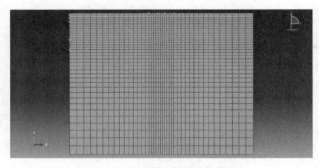

图 7-29　温度场有限元分析模型

根据以往对路面材料热力学属性的研究,不同路面材料的热力学参数见表 7-19。北京地区的气象学数据见表 7-20。

路面材料热力学参数　　　　　　表 7-19

参　　数	面层	水泥稳定碎石	石灰土	路基
密度 $\rho(\mathrm{kg/m^3})$	2200	2200	2200	1800
导热率 $k[\mathrm{J}/(\mathrm{m} \cdot \mathrm{h} \cdot \,^{\circ}\mathrm{C})]$	4670	5615	5158	5613
热容量 $C[\mathrm{J}/(\mathrm{kg} \cdot \,^{\circ}\mathrm{C})]$	925.9	912.7	952.9	1050
太阳辐射吸收率 a_{s}	0.9			
辐射发射率 ε	0.81			

续上表

参　　数	面层	水泥稳定碎石	石灰土	路基
热对流系数 h_c [W/($m^2 \cdot$ ℃)]		$(3.7v_w + 9.4)^*$		
绝对零度 T (℃)		-273		
Stefan-Boltzmann 常数 σ [J/(h $\cdot$ $m^2 \cdot K^4$)]		2.041092×10^{-4}		

北京地区气象学数据　　　　　　　　　表 7-20

月份	1	2	3	4	5	6	7	8	9	10	11	12
T_a (℃)	-3.7	-0.7	5.8	14.2	19.9	24.4	26.2	24.8	20.0	13.1	4.6	-1.5
T_a^{max} (℃)	1.8	5.0	11.5	20.3	26.0	30.2	30.9	29.6	25.8	19.1	10.1	3.7
T_a^{min} (℃)	-8.5	-5.6	0.3	7.9	13.6	18.8	22.0	20.7	14.8	7.8	0.0	-5.9
Q (MJ/m^2)	8.0	13.1	14.6	18.8	21.6	18.3	15.2	11.7	12.9	9.8	7.9	6.6
h (h)	6.7	7.7	8.2	8.7	9.6	9.1	7.9	7.8	8.5	7.8	6.7	6.3
v_w (m/s)	2.6	2.8	3.1	3.2	2.8	2.4	2.0	1.8	2.0	2.1	2.4	2.5

注:气象数据来自中国国家自然资源数据库。

　　在 ABAQUS 中建立温度场分析模型后,边界条件和热力学参数可以通过表 7-19、表 7-20 中的数据来定义。由于 7 月是路面车辙病害的最不利月份,因此采用 7 月的路面温度场进行计算。通过 ABAQUS 中的子程序 FLUX 和 FILM 对路面结构的温度场进行数值计算分析,获取 24h 的温度场分析结果,计算结果如图 7-30 所示。

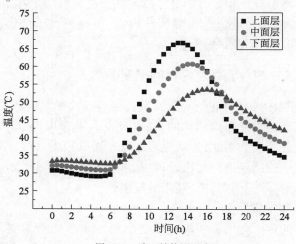

图 7-30　路面结构层温度

从图 7-30 可以看出：

（1）路面三个结构层的最高温度分别可以达到 65.0℃、61.7℃ 和 53.6℃，温度梯度能达到 0.6℃/cm。从 0:00 到 6:00，由于空气温度较低，上面层温度低于中面层和下面层。6:00 太阳出来后，太阳辐射开始加热空气和路面结构，路面结构温度开始上升。由于上面层可以直接接触太阳辐射和空气，所以上面层温度上升最快。由上面层传导的热量导致中面层温度爬升，但中面层不能像上面层那样直接受热，因此升温速度比上面层慢。下面层具有最小的温度上升速率，因为传导给它的热量较少。由于热量传导的滞后性，各层温度在不同时间达到峰值。中面层和下面层的温度峰值时间晚于上面层。三个结构层最高温度分别出现在 13:30、14:30 和 16:00。13:30 以后，太阳辐射开始减弱，上面层温度开始降低。与三个结构层升温时情况相同，其温度下降速率也相似。这是因为上面层可以直接与空气完成热交换，热量损失效率最高，因此温度下降最快。中、下面层散热要比上面层困难，所以温度下降速度慢。三个结构层的温度曲线在 18:00 相交，之后由于上面层的隔离作用，中、下面层温度超过上面层。

（2）中面层的温度和温度变化率处于上面层和下面层之间。虽然上面层的极限最高温度高于中面层，但中面层的极限最高温度也达到了 61.7℃，并且中面层在一天中处于高温区的时间仍很长。另外，根据以前的研究成果，车轮与路面接触的外侧边缘处是路面剪应力相对较大的位置，剪应力峰值沿着深度方向往往位于 4~8cm 深度处，正好处于中面层处，因此综合考虑温度、荷载的影响，路面的中面层区位是路面出现车辙的最不利层位，因此中面层应选择抗车辙能力强的材料。而将 DCLR 和复合 DCLR 改性沥青混合料应用在路面结构的中面层，可以充分发挥其高温稳定性优异的特点，在炎热天气下能够提供足够的强度，改善整个路面结构的抗车辙性能。

7.5.2　DCLR 改性沥青混合料的蠕变参数

本书采用 ABAQUS 软件进行 DCLR 改性沥青路面结构建模，而建立的结构分析模型是否能准确表征路面结构的力学响应，合理选取 DCLR 改性沥青混合料的蠕变参数至关重要。因此，拟对变温变压车辙试验先进行有限元分析模拟，并与实际的车辙试验结果进行对比验证，检验有限元模型中材料参数的选择是否合理，从而保证有限元模型计算结果的准确性。

1）沥青混合料本构模型

沥青混合料的永久变形分为黏塑性变形和黏弹性变形，用来表征其黏弹性能的力学模型称为本构模型。本构模型的本质是材料应力与应变的响应关系，如果把应力作为输入,则将材料产生应变称为响应,反之亦然。输入与响应可以通过数学关系来表达,二者之间的数学关系称为本构关系,本构关系的数学表达就是本构方程。本书选取 Creep 模型对 DCLR 改性沥青混合料进行蠕变参数拟合,构建车辙试验仿真模型,进行试验模拟,通过对比模拟结果和试验结果检验蠕变参数有效性。

Creep 模型的本质是时间硬化理论,其基本思想为:材料在蠕变过程中发生的硬化现象,观测到蠕变率的减小主要是时间造成的,而非蠕变变形。因此,理论公式可描述为:在给定温度下,应力、蠕变率、时间三者的数学关系。Creep 模型的本构方程为:

$$\varepsilon = A\sigma^n t^m \tag{7-33}$$

式中:A、m、n——与温度有关的蠕变参数。

Creep 模型不仅可以有效地反映沥青混合料的黏弹性能,而且支持在各种商业有限元软件中直接调用,因此广泛应用于沥青混合料的黏弹性能模拟研究中。

2)蠕变参数的选取

蠕变参数的来源主要是通过单轴压缩、拉伸试验、动态蠕变试验等得到蠕变曲线,对蠕变曲线进行初步的处理,最后应用本构方程对曲线进行拟合计算,最终得到对应本构模型的蠕变参数。本书通过动态蠕变试验来获取 DCLR 改性沥青混合料的蠕变参数,试验通过澳大利亚 IPC 公司生产的 UTM-25 型万能测试仪进行。式(7-34)表示在试验中沥青混合料形变的累积过程。

$$\varepsilon(t) = \varepsilon_e + \varepsilon_p + \varepsilon_{ve}(t) + \varepsilon_{vp}(t) \tag{7-34}$$

式中:$\varepsilon(t)$——经过时间 t 之后的总变形量;

ε_e——弹性变形;

ε_p——塑性变形;

$\varepsilon_{ve}(t)$——黏弹性变形;

$\varepsilon_{vp}(t)$——黏塑性变形。

动态蠕变试验可以获取累积变形与加载次数的关系,典型的动态蠕变试验曲线一般分为三个阶段。第一阶段普遍被认为是沥青混合料的压实致密过程,第二阶段变形增长速度逐渐趋于稳定,第三阶段代表沥青混合料发生车辙破坏,形变快速增加。动态蠕变整个试验过程实质上就是沥青混合料从压密到失稳破坏全过程的室内模拟。

沥青混合料在相同温度下,荷载越大,形变的增加速率越高。温度越高,沥青混合料越早进入破坏阶段,因为在高温条件下会产生更多的不可恢复的黏塑性变形,加速了破坏过程。沥青混合料蠕变曲线的第二阶段可以用来计算 Creep 模型中的 m 值,由于沥青混合料对温度很敏感,因此每个温度相对应一个 m 值。参数 β 可以通过沥青混合料的平均斜率来估计。为了获得蠕变幂律参数的其他参数,需要计算应变与应力之间的关系,可以通过等式(7-33)使用等式(7-34)中的最佳拟合多项式函数来获得 m 值,从而确定系数 b_1 和 b_2。

通过计算得到 DCLR 和复合 DCLR 改性沥青混合料的 Creep 模型蠕变参数,见表 7-21。

沥青混合料蠕变参数

表 7-21

种　　类	温度(℃)	A	n	m
DCLR 改性沥青混合料	55	5.29×10^{-9}	0.950	-0.77191
	60	4.99×10^{-8}	0.834	-0.73217
	70	3.41×10^{-7}	0.701	-0.5187
复合 DCLR 改性沥青混合料	55	6.42×10^{-7}	0.556	-0.6243
	60	1.53×10^{-4}	0.495	-0.57072
	70	3.01×10^{-5}	0.298	-0.5476

3)蠕变参数有效性验证

通过动态蠕变试验与上述计算过程确定了 DCLR 和复合 DCLR 改性沥青混合料的蠕变参数,但是其有效性尚未得到验证,无法对沥青混合料的黏弹性能进行理论计算,因此需要建立验证模型以确定蠕变参数有效与否。本书使用 ABAQUS 软件建立车辙试验仿真模型,对变温变压车辙试验进行模拟,通过对比实测车辙深度值与模拟车辙深度值的差异来评价蠕变参数的有效性。有限元 3D 模型最接近实际路面情况,可以输出最精确的计算结果,但是计算 3D 有限元模型,需要强大的计算能力与大量时间。路面结构具有很大的纵向尺寸,适合应用 2D 平面应变模型来进行分析。考虑到计算能力、计算时间与计算准确性,本书选取 2D 平面应变模型进行分析。验证模型的尺寸为 300mm × 5mm,与车辙试验样本的横截面尺寸相同。平面应变厚度为 300mm。边界条件对于有限元分析是一个重要的设置,严重影响结果的准确性。在这个 2D 模型中,横向位移由侧面约束固定,模型的底部完全固定,以适应车辙板放置在模具中的情况。

图 7-31 为验证模型的尺寸及边界条件。

在完成验证模型的尺寸以及边界条件设定之后,可以利用得到的蠕变参数对模型的材料属性进行定义。影响模型分析准确性的另一个关键因素是如何将车辙试验中的往复加载转化为有限元分析中的荷载,也就是荷载和分析步模块的设定。根据以往研究,加载时间、接触长度和运行速度之间的关系可以用式(7-35)和式(7-36)进行计算。

$$t = L/V \tag{7-35}$$
$$T = N \times t \tag{7-36}$$

图 7-31 蠕变参数验证模型

对于标准车辙测试仪而言,试验胶轮的宽度 D 为 50mm,运行距离为(230 ± 10)mm,加载频率为 42 次/min。经测量,车轮的接触长度 L 为 17mm,车辙试验总时长为 1h。通过计算可知每次加载时间 t 为 0.10559s,总加载时间 T 为 266.087s。施加荷载区域宽度与车轮宽度相同,为 50mm。加载频率为 10Hz,刚好与动态蠕变试验的加载频率相同,因此利用动态蠕变试验获取的蠕变参数进行车辙试验模拟结果可以保证准确、稳定。

单元类型为 CPE8R,验证模型的网格大小为 0.0025mm。网格大小也是影响有效性和准确性的重要因素。由于采用 2D 模型,网格的尺寸可以很小,既能保证精度,也可以节省时间。图 7-32 为划分网格之后的验证模型。

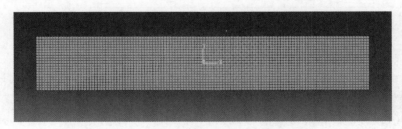

图 7-32 划分网格之后的验证模型

确定网格之后,就完成了验证模型的构件,可以开始利用验证模型进行试验模拟计算。图 7-33 为 DCLR 改性沥青混合料在试验温度为 70℃、压力为 1.0MPa 的模拟结果。可以看出,车轮下方出现最大变形,与试验室车辙试验相似。受车辙试验设施功能限制,无法获得变形历史数据。因此,最终的车辙深度成为评价其有效性的关键参数。通过调整不同的试验条件,计算 DCLR 和复合 DCLR 改性沥青混合料的模拟车辙深度,并与室内变温变压车辙试验的实测车辙深度进行比较。

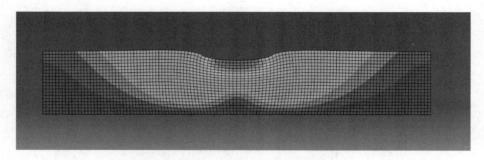

图 7-33　DCLR 改性沥青混合料的模拟结果

图 7-34 为 DCLR 和复合 DCLR 改性沥青混合料模拟与实测车辙深度值的对比。

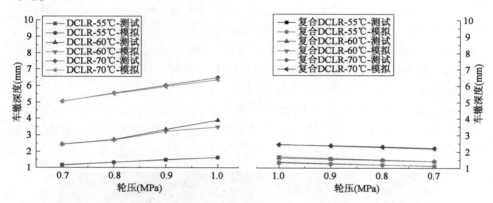

图 7-34　DCLR 和复合 DCLR 改性沥青混合料的模拟和实测车辙深度值对比

从图 7-34 可以看出:复合 DCLR 改性沥青混合料的模拟车辙深度明显小于 DCLR 改性沥青混合料,特别是在温度较高、荷载较大时。当温度达到 70℃时,复合 DCLR 改性沥青混合料的车辙深度比 DCLR 改性沥青混合料降低 50% 以上。为了验证模拟结果的准确性,计算各组数据的相对误差,见表 7-22。

DCLR 与复合 DCLR 改性沥青混合料的最大相对误差分别为 10.51% 和 4.18%,平均相对误差为 1.96% 和 1.56%。由此可以看出,蠕变参数的选择是合理的,有限元模型较为准确地模拟了车辙试验的结果,因此,应用该模型可以进一步深入研究路面结构的车辙行为。

相 对 误 差 表 7-22

种 类	温度 (℃)	荷载(MPa)				均 值
		0.7	0.8	0.9	1.0	
DCLR 改性沥青混合料	55	1.82	0.38	1.40	0.55	1.96
	60	0.61	0.84	3.21	10.51	
	70	0.34	0.59	1.21	2.02	
复合 DCLR 改性 沥青混合料	55	0.98	0.25	1.66	1.87	1.56
	60	0.14	1.82	3.16	4.32	
	70	1.44	1.68	0.71	0.66	

7.6 煤直接液化残渣改性沥青混合料的车辙预估

7.6.1 车辙预估模型构建

本书选取了京新高速公路真实的交通量数据,通过构建含有 DCLR 改性沥青混合料的路面结构车辙预估模型,分析在交通与温度场耦合作用下路面各结构层的车辙演化规律,进而实现对车辙病害的准确预估。

加载模块是预测模型的一个关键问题,因为其对模型分析的正确性和准确性有重要影响。在这一部分,基本参数是分析步时长,累积加载时间可以通过式(7-37)计算。根据京新高速公路北京段的交通调查结果,日均车流量为276075 次,每条车道月交通量为276075 次。由式(7-37)可以得到加载参数,结果见表7-23。

$$t = \frac{0.36NP}{n_{w}pBv} \tag{7-37}$$

式中:t——累积加载时长,s;

N——重复次数,次;

P——荷载大小,MPa;

n_{w}——车轮数;

p——接触轮压,MPa;

B——接触宽度,cm;

v——车辆速度,km/h。

参数	$B(cm)$	$p(MPa)$	n_w	$P(kN)$	$v(km/h)$	$N(次)$	$t(s)$	$t_0(s)$
计算值	21.3	0.7	4	100	80	276075	2083	0.007545

加 载 参 数　　　　　　　　　　　　　表 7-23

在模型分析,通过建立 24 个黏性分析步来模拟整个一天的车辙形成过程,每小时的流量数据也被用来计算每个分析步的加载时间,小时交通量和路面结构温度如图 7-35 所示。

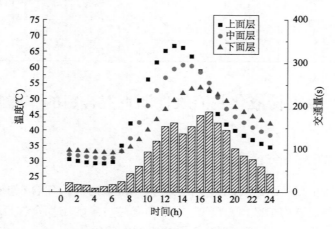

图 7-35　小时交通量和温度场

通过将温度场与交通量在 24h 内的变化叠加在一起可以看出,7:00 以后交通量开始增长,同时路面温度开始上升。夏季路面车流量大,温度高,很容易出现车辙问题。傍晚高峰时间,交通量达到峰值,中、下面层仍保持较高的温度。

为了评估 DCLR 和复合 DCLR 改性沥青混合料在解决车辙问题方面的有效性,路面结构的上、下面层分别采用 AC-13 和 AC-25 型沥青混合料,而中面层分别采用 SK-90、DCLR 和复合 DCLR 改性沥青混合料。有限元车辙预估模型可以综合考虑温度场和交通环境,车辙预估模型在 ABAQUS 中的工作方式如图 7-36 所示,可以看出,温度场分析模型与车辙预测模型具有相同的网格,使得温度变化可以准确地传递到车辙预测模型的任意位置。准确的温度、材料属性和交通量确保了车辙预测模型的有效性。

7.6.2　车辙预估模型计算

将京新高速公路 7 月的交通量数据应用于车辙预估模型,三种不同中面层材料的路面结构均出现了不同程度的车辙,模拟结果如图 7-37 所示。

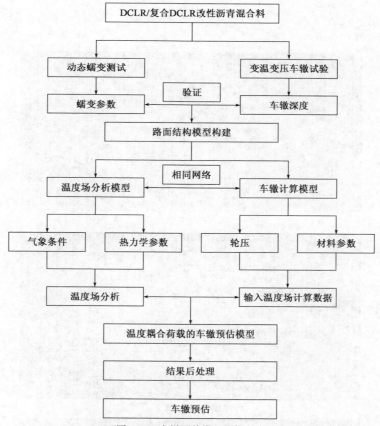

图 7-36 车辙预估模型工作方式

从图 7-37 可以看出,采用复合 DCLR 改性沥青混合料的路面结构产生的车辙深度最小,DCLR 改性沥青混合料次之,SK-90 沥青混合料最大。与 SK-90 沥青混合料相比,复合 DCLR 改性沥青混合料可以将车辙深度降低 50%,DCLR 改性沥青混合料可以减少 40% 以上。

每小时车辙变化同样也可以通过预测模型计算出来,如图 7-38 所示。

采用复合 DCLR 改性沥青混合料的路面结构车辙深度始终小于 DCLR 改性沥青混合料和 SK-90 沥青混合料。0:00 ~ 10:00,由于低温和低交通量,三种路面结构车辙具有相似的趋势,车辙深度增长非常缓慢。10:00 以后,随着路面结构温度和交通量急剧上升,车辙深度增加很快,但三种路面结构中,复合 DCLR 改性沥青混合料的车辙增长速度最小,SK-90 沥青混合料的车辙增长速度最大。18:00 以后车辙深度基本保持不变,车辙形成时间为 10:00 ~ 18:00。

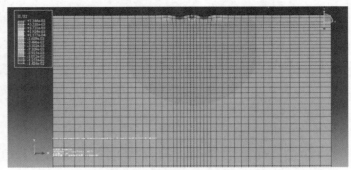

a)SK-90沥青混合料

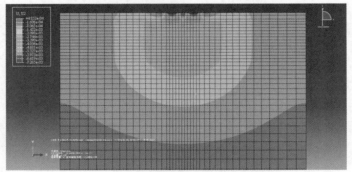

b)DCLR改性沥青混合料

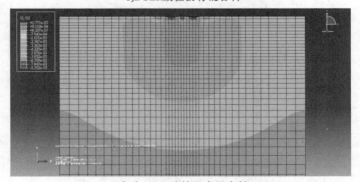

c)复合DCLR改性沥青混合料

图7-37 预估车辙深度

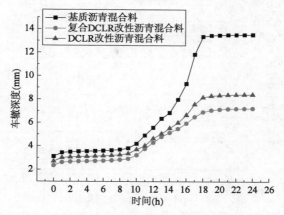

图 7-38　每小时车辙变化曲线

　　采用车辙深度每小时增量来分析每个路面结构的车辙行为,如图 7-39 所示。

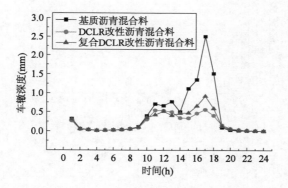

图 7-39　车辙深度小时增量

　　从图 7-39 中可以看出:路面结构在 0:00～9:00 和 17:00～24:00 两个时间段的小时车辙深度增量相似。9:00～17:00,由于温度和交通量的增加,车辙深度进入快速增长阶段,但在 14:00 左右,由于交通量相对较小,此时出现一个低点。17:00 时,路面结构温度和交通量均达到最大值,此时车辙深度小时增量也达到峰值,但复合 DCLR 改性沥青混合料的车辙深度增量仍比 SK-90 沥青混合料下降了 77.7%。采用 DCLR 改性沥青混合料的路面结构车辙深度增量大于复合 DCLR 改性沥青混合料,但仍比 SK-90 沥青混合料小得多。

　　路面结构层层底应力状态也可以通过车辙预估模型进行计算,如图 7-40 所示。

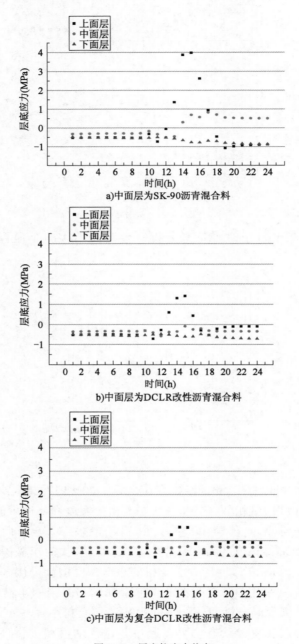

a)中面层为SK-90沥青混合料

b)中面层为DCLR改性沥青混合料

c)中面层为复合DCLR改性沥青混合料

图 7-40　层底拉应力状态

从图 7-40 可以看出：

（1）在三种不同中面层材料组成的路面结构中，下面层层底始终处于受压状态，不存在拉应力。而对于中面层为 SK-90 沥青混合料的路面结构，中面层层底在 11：00 以后是处于拉应力状态的，而使用 DCLR 和复合 DCLR 改性沥青混合料作为中面层时，中面层层底始终处于受压状态。

（2）对于三种不同的中面层材料，上面层层底均在 12：00 ~ 20：00 之间出现拉应力，但使用 DCLR 和复合 DCLR 改性沥青混合料作为中面层时，拉应力的峰值要显著小于中面层为 SK-90 沥青混合料的情况。这说明 DCLR 和复合 DCLR 改性沥青混合料作为中面层使用，可有效降低各层层底拉应力，减小疲劳裂缝出现的概率，延长路面结构的使用寿命。

结合气象数据可以模拟每月的温度场，因此车辙预估模型可以预测全年的车辙深度。利用车辙预估模型模拟了全年内三种路面结构的车辙行为，如图 7-41 所示。

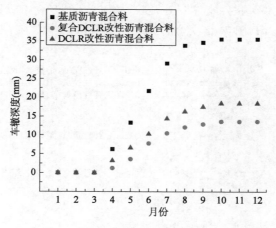

图 7-41　全年车辙增长情况

从图 7-41 可以看出：

（1）由于北京气温偏低，1 ~ 3 月和 11 ~ 12 月不会出现车辙。从 4 月车辙深度开始增加，车辙深度增长速度加快，6 月的车辙深度速度增长达到顶峰。虽然气温非常高，但 7 月、8 月的车辙深度增长速度相对较慢，这是由于沥青混合料的压实效应，一旦交通开放，沥青混合料的永久变形首先将经历一个快速增长期，之后进入缓慢增加的阶段。

（2）3 种路面结构的车辙增长变化都具有相同的趋势，复合 DCLR 改性沥青混合料的车辙深度最小，其次为 DCLR 改性沥青混合料，SK-90 沥青混合料最大。在相同的气象条件和交通量下，DCLR 和复合 DCLR 改性沥青混合料的车辙深度增长速度比 SK-90 沥青混合料小得多,复合 DCLR 改性沥青混合料和 DCLR 改性沥青混合料的车辙深度分别可降低 63% 和 49%。由以上分析可推断,DCLR 和复合 DCLR 改性沥青混合料在交通繁忙的高温地区具有优良的抗车辙性能。

7.7 煤直接液化残渣改性沥青路面结构车辙预估

7.7.1 DCLR 改性沥青路面结构有限元模型构建

1)模型尺寸与路面结构

路面结构选择主要参考前期研究成果,根据单轴压缩试验和 BISAR3.0 软件分析 DCLR 改性沥青路面结构力学性能,主要考虑了 DCLR 改性沥青路面结构的力学性能和经济、社会效益。图 7-42 为 DCLR 和复合 DCLR 改性沥青混合料的路面结构示意图,图 7-43 为划分网格后的有限元模型。

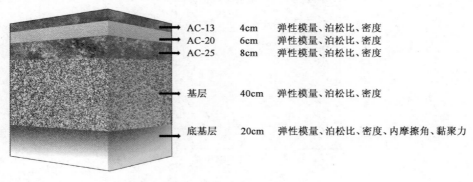

AC-13	4cm	弹性模量、泊松比、密度
AC-20	6cm	弹性模量、泊松比、密度
AC-25	8cm	弹性模量、泊松比、密度
基层	40cm	弹性模量、泊松比、密度
底基层	20cm	弹性模量、泊松比、密度、内摩擦角、黏聚力

图 7-42 路面结构

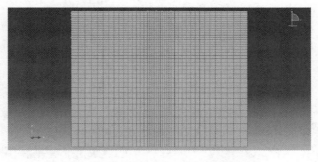

图 7-43 划分网格后路面结构有限元模型

2)材料属性及边界条件

本书使用2D模型,在实际道路的受力分析中,y轴两侧及y轴以下基本没有应力响应,因此在有限元计算中,假设y轴两侧和模型底部完全约束。

在一般的沥青路面结构计算中,采用弹性层状体系作为基本假设,因此层间接触问题一直是有限元计算研究的重点。对于沥青混合料这种应力应变非线性的材料,并且路面结构由不同属性的材料组成,从理论上说,使用不同的接触单元是最优的处理方式,但是选择不同的接触单元会使操作复杂,运算困难,在软件操作中容易无法运算。因此,本书在装配过程中,全选整个模型,即设定层间完全连续。

3)温度、荷载及交通量的选取

有限元计算中,为方便计算,默认轮胎作用路面时,作用面积一定,作用面积为0.24m×0.15m。随着轴载增大,轮胎胎压相应增加,轮胎接地面积也增加,假定轮胎接地压强为p,根据文献数据可以推测重载车辆轴载P与轮胎接地压强p的关系表达式为式(7-38):

$$\frac{P_i}{0.7} = \left(\frac{p_i}{100}\right)^{0.65} \tag{7-38}$$

式中:P_i——各级轴载,kN;

p_i——各级轮胎接地压强,MPa。

荷载计算参数见表7-24。

各级荷载计算参数 表7-24

计 算 参 数	轴重(kN)					
	100	120	140	160	180	200
接地压强 p(MPa)	0.707	0.797	0.88	0.96	1.036	1.109
接地面积 A(mm²)	35362	37678	39774	41667	43436	45085
作用宽度 B(mm)	186	186	186	186	186	186
作用长度 L(mm)	192	203	214	224	234	241
荷载作用时间(s)	0.00576	0.00608	0.00641	0.00671	0.00701	0.00725

除温度、荷载外,沥青路面车辙深度的产生与交通量有直接关系。在沥青路面设计中,不仅需要区分不同车型,还需要对多种车型进行半载、空载、满载等条件下的分类统计,按照车辆型号、轴载类型对交通量和装载条件整理相应的轴载换算。在实际工程的车辙分析中,需要考虑一般交通参数和轴重、当量轴载换算参数,本书选取京新高速公路的交通数据进行交通环境与荷载分析。根据京新高速公路的交通调查结果,设计车道当量交通量为9202辆/d,方向系数为

56%，车道系数取 100%，车辆类型分布系数选择水平一。

7.7.2　基于 APAD 的 DCLR 改性沥青路面车辙计算

沥青路面结构分析软件（APAD）是一款依照《公路沥青路面设计规范》（JTG D50—2017）编写的软件，该软件的主要功能是通过录入沥青路面结构的相关参数，包括：交通参数、环境参数、拟定的结构与材料参数等，根据规范要求针对不同设计控制指标进行验算。

本书利用 APAD 验算 4 种沥青混合料路面结构的沥青面层车辙深度，计算时为保证选取的各面层材料与有限元计算一致，只进行中面层的材料替换，即其余 5 层路面结构参数保持一致。APAD 需要输入以下参数：

（1）项目基本信息；

（2）交通参数；

（3）结构与材料参数；

（4）环境参数。

具体参数见表 7-25 ~ 表 7-28。

交 通 参 数 　　　　表 7-25

道路等级	路面设计使用年限（年）	交通量年平均增长率（%）	设计车道年平均日交通量（辆/d）	方向系数（%）	车道系数（%）
高速公路	15	5	9203	55	50

中面层材料参数 　　　　表 7-26

种　类	动态压缩模量（MPa）	车辙变形量（mm）	泊松比
SK-90 沥青混合料	8081	5.1	0.25
SBS 改性沥青混合料	9905	3.8	0.25
DCLR 改性沥青混合料	10807	2.3	0.25
复合 DCLR 改性沥青混合料	10407	1.3	0.25

各结构层材料参数 　　　　表 7-27

层位	材 料 类 型	厚度（mm）	动态压缩模量（MPa）	泊松比	无机结合料稳定类材料弯拉强度（MPa）	车辙变形量（mm）
上面层	沥青结合类材料	40	11000	0.25	—	1.5
中面层	沥青结合类材料	60	—	0.25		

续上表

层位	材料类型	厚度（mm）	动态压缩模量（MPa）	泊松比	无机结合料稳定类材料弯拉强度（MPa）	车辙变形量（mm）
下面层	沥青结合类材料	80	10000	0.25	—	2.5
上基层	无机结合类材料	400	7500	0.25	1.4	—
底基层	石灰土	200	500	0.35	—	—
土基		—	80	0.41	—	—

各地气温统计资料及相应的基准路面结构温度调整系数和等效温度　　表 7-28

地区	省(自治区、直辖市)	最热月平均气温（℃）	最冷月平均气温（℃）	年平均气温（℃）	温度调整系数		基准等效温度(℃)
					沥青混合料层底拉应变、无机结合料结合料稳定层底拉应力	路基顶面竖向压应变	
北京	北京	26.9	−2.7	13.1	1.23	1.09	20.1

表 7-29 和图 7-44 为 4 种沥青路面结构在 1 年、2 年、5 年、10 年和 15 年内沥青面层的车辙深度。

4 种沥青混合料在不同年限内车辙深度　　表 7-29

种类	车辙深度（mm）				
	1 年	2 年	5 年	10 年	15 年
SK-90 沥青混合料	8.5	12.5	20.1	29.8	38.6
SBS 改性沥青混合料	6.7	9.9	13.7	23.6	30.6
DCLR 改性沥青混合料	4.8	7	11.3	16.8	21.8
复合 DCLR 改性沥青混合料	3.5	5.2	8.3	12.3	16

从表 7-29 和图 7-44 可知：

（1）采用 4 种沥青混合料分别作为中面层的路面车辙深度随荷载累积作用时间呈线性增长，相关系数均在 0.9 以上。

（2）采用 4 种沥青混合料分别作为中面层的路面车辙深度随荷载作用时间增长速率大小的排序为：SK-90 沥青混合料 > SBS 改性沥青混合料 > DCLR 改性沥青混合料 > 复合 DCLR 改性沥青混合料。

（3）15 年内 4 种沥青路面结构车辙深度平均值排序为：SK-90 沥青混合料
（21.90mm）> SBS 改性沥青混合料（16.90mm）> DCLR 改性沥青混合料
（12.34mm）>复合 DCLR 改性沥青混合料（9.06mm）。在第 15 年时，DCLR 改
性沥青路面相比 SK-90 沥青和 SBS 改性沥青路面减少 43.52% 和 28.76% 的车
辙深度，抗永久变形能力提高 0.77 倍和 0.40 倍，同时，复合 DCLR 改性沥青路
面减少 58.55% 和 47.71% 的车辙深度，抗变形能力提高 1.41 倍和 0.91 倍。由
此可见，DCLR 改性沥青路面结构具有优异的抗变形能力，4 种路面结构中，复合
DCLR 改性沥青路面结构的抗车辙性能最强，DCLR 改性沥青路面强于 SBS 改性
沥青路面，SK-90 沥青路面性能最差。

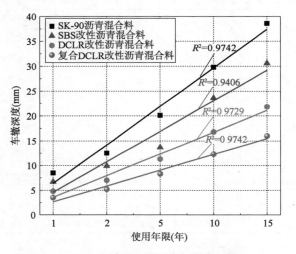

图 7-44　APAD 计算下 4 种沥青路面结构的车辙深度

7.7.3　基于有限元模型的 DCLR 改性沥青路面车辙计算

利用 ABAQUS 有限元软件分别计算 4 种沥青混合料在相同路面结构下不
同荷载作用时间累积产生的沥青面层车辙深度，并将计算结果与 APAD 的验算
结果进行对比，通过两种方法预估沥青路面车辙深度，对比有限元模拟方法在
《公路沥青路面设计规范》（JTG D50—2017）下的适用性。

《公路沥青路面设计规范》（JTG D50—2017）的设计使用年限内设计车道的
当量设计轴载累计作用次数计算公式为：

$$N_e = \frac{\left[(1 + \gamma)^t - 1 \right] \times 365 \times N_1}{\gamma} \tag{7-39}$$

式中：N_e——设计使用年限内设计车道上的当量设计轴载累计作用次数（次）；

　　γ——设计使用年限内交通量的年平均增长率（%）；

　　t——设计使用年限（年）；

　　N_1——初始年设计车道日平均当量轴次（次/d）。

通过式（7-39）计算得到 4 种沥青路面结构在 1 年、2 年、5 年、10 年和 15 年的当量设计轴载累计作用次数，计算得到各个年限下有限元中荷载累积作用时间分别为 19347.3s、39664.2s、106919.2s、243364s 和 417499s。为方便后期计算，将上述时间整理为约数 2×10^4s、4×10^4s、1×10^5s、2.5×10^5s 和 4.2×10^5s。有限元计算沥青路面车辙深度时温度选择 60℃，荷载定义为 0.7MPa，通过计算可以得到荷载累积作用时间与车辙变形的关系，如图 7-45 所示。

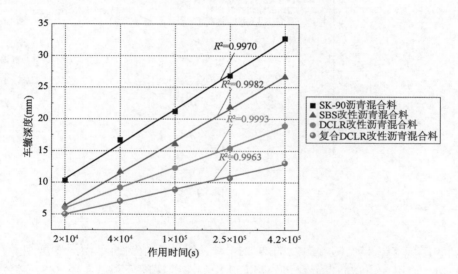

图 7-45　累积轴载作用时间对模拟车辙深度的影响

由图 7-45 可知：

（1）当荷载累积作用时间从 2×10^4s 增长至 4.2×10^5s 时，使用 SK-90 沥青混合料、SBS 改性沥青混合料、DCLR 改性沥青混合料和复合 DCLR 改性沥青混合料路面的车辙深度分别增长 76.3%、68.5%、68.1% 和 61.7%。

（2）在 15 年设计年限时，使用复合 DCLR 改性沥青混合料的路面结构产生的车辙深度分别为使用 SK-90 沥青混合料、SBS 改性沥青混合料和 DCLR 改性沥青混合料的路面结构的 40%、49.2% 和 69.3%。这说明 4 种沥青路面结构的车辙深度随轴载作用次数的增加而增长,并且从增长率和一年内累积增长车辙深度量上看,使用复合 DCLR 改性沥青混合料的路面结构表现出的抗车辙性能最为优异,使用 DCLR 改性沥青混合料的路面结构的性能表现要优于使用 SBS 改性沥青混合料的路面结构。因此,4 种沥青路面抗车辙能力的排序为:复合 DCLR 改性沥青路面 > DCLR 改性沥青路面 > SBS 改性沥青路面 > SK-90 沥青路面。

利用有限元计算 4 种沥青混合料在不同温度下的车辙深度,其中,温度选择 50℃、60℃、70℃,温度变化不建立温度场,由材料参数定义,荷载选择 0.7MPa,荷载累积作用时间为 4.2×10^5 s,结果如图 7-46 所示。

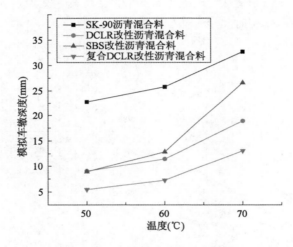

图 7-46　温度对模拟车辙深度的影响

由图 7-46 可知:随着温度的增加,4 种沥青路面结构的车辙深度增加。在 70℃时,使用 SK-90 沥青混合料的路面结构的车辙深度分别是使用 SBS 改性沥青混合料、DCLR 改性沥青混合料和复合 DCLR 改性沥青混合料的路面结构的 1.23 倍、1.73 倍和 2.50 倍。由此可以看出,在高温区域(60～70℃)使用 DCLR 和复合 DCLR 改性沥青混合料的路面结构的抗车辙性能要优于使用 SBS 改性沥青混合料和 SK-90 沥青混合料的路面结构,并且在极端高温(70℃)时,使用 DCLR 和复合 DCLR 改性沥青混合料的路面结构的抗车辙性能表现更优异。

将有限元模拟计算的车辙深度与 APAD 验算车辙深度做对比分析,其中图 7-47 为不同年限下 4 种沥青混合料的有限元计算车辙与 APAD 计算车辙数据,图 7-48 为第 15 年 4 种沥青混合料在两种试验方法下的车辙深度偏差值。

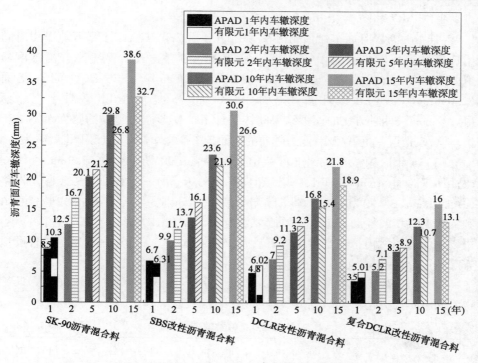

图 7-47 有限元计算与 APAD 验算沥青面层车辙深度

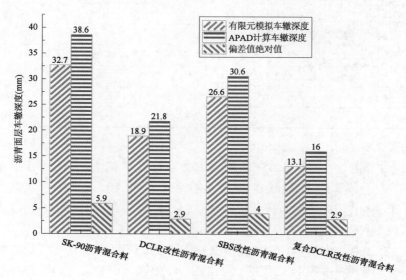

图 7-48 第 15 年车辙深度偏差值

由图 7-47 和图 7-48 可知:

(1)4 种沥青路面车辙预测值在 ABAQUS 模拟和 APAD 计算下随作用时间增长趋势基本一致,在第 1 年、2 年、5 年、10 年、15 年这五个节点下,车辙深度模拟偏差平均值大小为:SK-90 沥青路面(3.2mm) > SBS 改性沥青路面(2.058mm) > DCLR 改性沥青路面(1.744mm) > 复合 DCLR 改性沥青路面(1.702mm)。两种方法的模拟结果间接验证了抗变形能力越强的路面越不易产生车辙,模拟误差也就越小;能力越差的路面越易产生车辙,模拟误差也就越大。

(2)15 年内累积车辙深度偏差值大小为:SK-90 沥青路面(5.9mm) > SBS 改性沥青路面(4mm) > DCLR 改性沥青路面(2.9mm) = 复合 DCLR 改性沥青路面(2.9mm),SK-90 和 SBS 改性沥青路面偏差比分别为 13.1% 和 15.3%,DCLR 和复合 DCLR 改性沥青路面偏差比分别为 13.3% 和 18.1%。鉴于偏差值较小,可以认为有限元模拟在现行规范下具有较强的适用性。为进一步判定两种模拟方法的可靠性,下面采用 F、t 检验进一步对数据进行一致性分析。

将有限元模拟计为 A 组,APAD 计算作为 B 组,显著性水平 α 取 0.05,计算得到两种不同方法试验数据的检验结果,见表 7-30。

F 检验和 t 检验的结果 表 7-30

项 目		SK-90 沥青混合料	SBS 改性沥青混合料	DCLR 改性沥青混合料	复合 DCLR 改性沥青混合料
平均值	A 组	21.54	16.52	12.36	8.96
	B 组	21.90	16.90	12.34	9.06
标准偏差	A 组	8.69	8.03	5.05	3.13
	B 组	12.37	9.95	7.00	5.12
F 值		2.03	1.53	1.92	2.68
t 值		0.05	0.04	0.08	0.17

由表 7-30 可知:

(1)在显著性水平取 0.05 时,根据 F 分布可知 F 值为 9.60,由于采用 4 种沥青混合料分别作为中面层的路面在 1 年、2 年、5 年、10 年、15 年下的统计量 F 值均小于 9.60,因此说明有限元模拟和 APAD 计算两种试验数据在精度上并没有显著性差异。

(2)在显著性水平取 0.05 时,根据 t 分布可知 t 值为 2.31,即采用 4 种沥青混合料分别作为中面层的路面的 t 值在各个年限内均小于 2.31,由此可以认为,有限元模拟和 APAD 计算两种数据之间不存在系统误差。

7.8　本章小结

本章以 SK-90 沥青、SBS 改性沥青、DCLR 改性沥青及复合 DCLR 改性沥青为胶结料,设计了 AC-20C 型的 4 种沥青混合料,并对其基本性能、黏弹性能、流变性能进行了对比分析。采用变温变压车辙试验和三轴重复荷载试验对 4 种沥青混合料的高温抗变形能力进行试验,基于三轴重复荷载试验建立了 4 种沥青混合料的二次修正 Burgers 车辙预估模型,模拟了其车辙深度,通过与变温变压车辙试验的实测车辙深度进行对比分析,验证了构建的车辙预估模型的有效性,得出以下结论:

(1)通过室内变温变压车辙试验可知在试验温度(55℃、60℃、65℃、70℃)、试验荷载(0.7MPa、0.8MPa、0.9MPa、1.0MPa)下,4 种沥青混合料高温抗车辙性能排序为:复合 DCLR 改性沥青混合料 > DCLR 改性沥青混合料 > SBS 改性沥青混合料 > SK-90 沥青混合料,并且利用方差分析发现,温度对沥青混合料抗车辙性能的影响要大于荷载。通过三轴重复荷载试验发现,4 种沥青混合料抗车辙性能排序与室内变温变压车辙试验一致,并提出利用非线性拟合指数作为评价沥青混合料抗车辙性能的指标。

(2)对修正的 Burgers 模型进行基于三轴重复荷载试验的修正,将得到模型与三轴重复荷载试验数据拟合对 4 种沥青混合料的流变参数进行标定,并利用有限元软件 ABAQUS 模拟室内变温变压车辙试验,验证了流变参数的有效性,表明得到的流变参数可以反映沥青混合料的流变特性,可以用于之后的路面结构车辙计算。

(3)模拟了北京地区沥青路面结构温度场,得到路面结构中任意位置在不同季节的实时温度数据。在有限元车辙预估模型中考虑了交通流量,研究了 24h 内不同路面结构的车辙行为,复合 DCLR 和 DCLR 改性沥青混合料可以有效地降低车辙深度和车辙深度增长速度。通过分析车辙深度的小时增量,得出路面发生车辙病害最危险的时间段为 15:00 ~ 18:00。

(4)利用 APAD 软件计算 4 种不同沥青路面结构中沥青面层永久变形量,发现 4 种沥青路面的抗车辙能力的排序为:复合 DCLR 改性沥青路面 > DCLR 改性沥青路面 > SBS 改性沥青路面 > SK-90 沥青路面。利用 ABAQUS 模拟计算了 4 种沥青混合料路面结构的车辙行为,并与 APAD 验算车辙深度做对比分析,发现最大偏差值为 4mm,偏差百分比均小于 20%,证明了本书构建的有限元车辙模型的适用性较强。

本章参考文献

[1] 中华人民共和国交通部.公路沥青路面施工技术规范:JTG F40—2004[S].北京:人民交通出版社,2004.

[2] 中华人民共和国交通运输部.公路工程沥青及沥青混合料试验规程:JTG E20—2011[S].北京:人民交通出版社,2011.

[3] 中华人民共和国交通部.公路工程集料试验规程:JTG E42—2005[S].北京:人民交通出版社,2005.

[4] 中华人民共和国交通运输部.公路沥青路面设计规范:JTG D50—2017[S].北京:人民交通出版社股份有限公司,2017.

[5] Zhang Y, Luo R, Lytton R L. Characterizing Permanent Deformation and Fracture of Asphalt Mixtures by Using Compressive Dynamic Modulus Tests[J]. Journal of Materials in Civil Engineering, 2012,24(07):898-906.

[6] Loizos A, Boukovalas G, A Karlaftis. Dynamic Stiffness Modulus for Pavement Subgrade Evaluation [J]. Journal of Transportation Engineering, 2003, 129(04):434-443.

[7] Apeagyei A K. Rutting as a Function of Dynamic Modulus and Gradation[J]. Journal of Materials in Civil Engineering, 2011, 23(19): 1302-1310.

[8] Zhu H, et al. Developing Master Curves and Predicting Dynamic Modulus of Polymer-Modified Asphalt Mixtures [J]. Journal of Materials in Civil Engineering, 2011,23(02):131-137.

[9] 韦金城,等.沥青混合料动态模量试验研究[J].建筑材料学报,2008,11(06): 657-661.

[10] 迟凤霞,等.沥青混合料动态剪切模量主曲线的确定[J].吉林大学学报(工学版),2009,39(2):349-353.

[11] Clyne T, et al. Dynamic and resilient modulus of Mn/DOT asphalt mixtures [J]. Laboratory Tests,2003.

[12] Emmanuel Chailleux, et al. A mathematical-based master-curve construction method applied to complex modulus of bituminous materials [J]. Road Materials & Pavement Design,2006,7(sup1):75-92.

[13] 尹应梅.基于DMA法的沥青混合料动态粘弹特性及剪切模量预估方法研究[D].广州:华南理工大学,2011.

[14] 张肖宁,等.基于CAM模型的沥青混合料粘弹性能研究[J].东南大学学

报(英文版),2008,24(4):498-502.

[15] 张洪亮,等.重载沥青路面基于实测荷载图式的轴载换算研究[J].武汉理工大学学报(交通科学与工程版), 2010,34(01): 110-112.

[16] Imaninasab R, Bakhshi B, Shirini B. Rutting performance of rubberized porous asphalt using Finite Element Method (FEM) [J]. Construction & Building Materials, 2016,106: 382-391.

[17] 隋向辉.沥青路面温度场预测及应用[D].西安:长安大学,2007.

[18] 黄飞云,等.沥青路面高温温度场模拟分析[J].石油沥青, 2009, 23(5): 21-25.

[19] Huang X, et al. Asphalt pavement short-term rutting analysis and prediction considering temperature and traffic loading conditions[J]. 东南大学学报(英文版),2009,3(03):24-31.

[20] 季节,石越峰,等.煤直接液化残渣对沥青胶浆黏弹性能的影响[J]. 交通运输工程学报,2015,15(04):1-8.

[21] Ghabchi R, Singh D, Zaman M. Laboratory evaluation of stiffness, low-temperature cracking, rutting, moisture damage, and fatigue performance of WMA mixes [J]. Road Materials & Pavement Design, 2015, 16(02):334-357.

[22] 徐世法,朱照宏.高等级道路沥青路面车辙的控制与防治[J].中国公路学报,1993(03):1-7.

[23] 王旵.随机荷载作用下柔性路面结构及路基动力响应研究[D].长沙:中南大学, 2006.

[24] 李皓玉.车辆与路面相互作用下路面结构动力学研究[D].北京:北京交通大学, 2011.

[25] Kim S M. Influence of horizontal resistance at plate bottom on vibration of plates on elastic foundation under moving loads[J]. Engineering Structures, 2004,26(4):519-529.

[26] Ji X, et al. Development of a rutting prediction model for asphalt pavements with the use of an accelerated loading facility [J]. Road Materials and Pavement Design,2015,17(01):15-31.

[27] Sheng Li, Liu Z, Yuzhi Li. Fatigue damage characteristics and cracking mechanism of asphalt concrete layer of rigid-flexible composite pavement under load[J]. Journal of Central South University,2013,44(9):3857-3862.

[28] Zhang J, Alvarez A E, Sang I L, et al. Comparison of flow number, dynamic

modulus, and repeated load tests for evaluation of HMA permanent deformation[J]. Construction & Building Materials,2013,44(07):391-398.

[29] Loizos A, Boukovalasâ G. Pavement soil characterization using a dynamic stiffness model[J]. International Journal of Pavement Engineering, 2005, 6 (01):5-15.

[30] Hao H, Ang T C. Analytical Modeling of Traffic-Induced Ground Vibrations [J]. Journal of Engineering Mechanics, 1998, 124(08):921-928.

[31] Kim S M. Vibration and stability of axial loaded beams on elastic foundation under moving harmonic loads[J]. Engineering Structures, 2004, 26(01): 95-105.

[32] Hamzah M O, Omranian S R. Effects of ageing on pavement air voids during mixture transportation from plant to field[J]. Materials Research Innovations, 2015, 19(S5): 592-595.

[33] Lytle J M, Hsieh B C B, Anderson L L, et al. A survey of methods of coal hydrogenation for the production of liquids[J]. Fuel Processing Technology, 1979,2(3):235-251.

[34] Ji J,Zhao Y S, Xu S F. Study on Properties of the Blends with Direct Coal Liquefaction Residue and Asphalt [J]. Applied Mechanics and Materials, 2014,488-489:316-321.

[35] 路明周. 沥青混合料高温抗车辙性能的试验研究[D]. 兰州:兰州理工大学,2008.

[36] 张肖宁. 沥青与沥青混合料的黏弹力学原理及应用[M]. 北京:人民交通出版社,2006.

[37] 刘立新. 沥青混合料黏弹性力学及材料学原理[M]. 北京:人民交通出版社,2006.

[38] Shahbaz K, et al. Rutting in Flexible Pavement: An Approach of Evaluation with Accelerate Pavement[J]. Procedia-social and Behavioral Sciences,2013, 104(02):149-157.

[39] Ji X, Zheng N, Niu S, et al. Development of a rutting prediction model for asphalt pavements with the use of an accelerated loading facility[J]. Road Materials and Pavement Design,2015, 17(01): 15-31.

[40] Al-Khateeb L A, Saoud A, Al-Msouti M F. Rutting Prediction of Flexible Pavements Using Finite Element Modeling [J]. Jordan Journal of Civil

216

Engineering,2011,5(2):173-190.

[41] Park D-W. Traffic Loadings Considering Temperature for Pavement Rutting Life [J]. KSCE Journal of Civil Engineering,2006,10(04):259-263.

[42] Alaa H A, Al-Azzawi A A. Evaluation of rutting depth in flexible pavements using finite element analysis and local empirical model[J]. American Journal of Engineering and Applied Sciences,2012,5(02): 163-169.

[43] Zokaei-Ashtiani A, et al. Impact of different approaches to modelling rigid pavement base layers on slab curling stresses[J]. International Journal of Pavement Engineering, 2015,17(10):861-869.

[44] Hassan R,Lin O,Thananjeyan A. A comparison between three approaches for modelling deterioration of five pavement surfaces[J]. International Journal of Pavement Engineering, 2015, 18(1):26-35.

[45] Thach Nguyen B, Mohajerani A. Possible estimation of resilient modulus of fine-grained soils using a dynamic lightweight cone penetrometer [J]. International Journal of Pavement Engineering, 2015, 18(06):473-484.

[46] 薛国强,黄晓明.沥青混合料永久变形的三轴重复荷载试验研究[J].公路交通科技,2009,26(11):1-5.

[47] Liu X, Rees S J, Spitler J D. Modeling snow melting on heated pavement surfaces. Part II:Experimental validation[J]. Applied Thermal Engineering, 2007, 27(5-6):1125-1131.

[48] Saride S,Rayabharapu V K,Vedpathak S. Evaluation of Rutting Behaviour of Geocell Reinforced Sand Subgrades Under Repeated Loading [J]. Indian Geotechnical Journal,2014,45(04):378-388.

[49] 季节,等.煤直接液化残渣改性沥青及其混合料性能评价[J].郑州大学学报(工学版),2016,37(04):67-71.

[50] 赵毅,梁乃兴.全温域条件下沥青路面永久变形预估方法[J].哈尔滨工业大学学报,2018,50(11):122-130.

[51] Applied Rsearch Asociates. Guide for mechanistic-empirical pavement design [R]. Washington D. C. : Transportation Research Board,2004.

[52] Yu B, Zhu H, Gu X, et al. Modified repeated load tri-axial test for the high-temperature performance evaluation of HMA[J]. Road Materials and Pavement Design,2015,16(04):784-798.

[53] 季节,等.高温和重载对 DCLR 改性沥青混合料抗变形能力的影响[J].交

通运输工程学报,2019,19(01):1-8.

[54] 王辉,等.高温重载作用下沥青路面车辙研究[J].土木工程学报,2009,42(05):139-144.

[55] Ji Jie,et al. Rutting resistance of direct coal liquefaction residue (DCLR) modified asphalt mixture under variable loads over a wide temperature range [J]. Construction & Building Materials, 2020, 257:1-15.

[56] Ji J, Yao H, Wang D, et al. Properties of Direct Coal Liquefaction Residue Modified Asphalt Mixture [J]. Adv. Mater. Sci. Eng, 2017 (2017): 1-11.

[57] Ji J,et al. A numerical study on rutting behaviour of direct coal liquefaction residue modified asphalt mixture[J]. Road Materials and Pavement Design, 2019,16(04):784-798.

[58] 王迪.煤直接液化残渣改性沥青混合料在道路工程中的应用技术研究[D].北京:北京建筑大学,2018.

[59] 陈磊.煤直接液化残渣改性沥青混合料抗车辙性能研究[D].北京:北京建筑大学,2019.

[60] 郭大智.层状粘弹性体系力学[M].哈尔滨:哈尔滨工业大学出版社,2001.

[61] 李辉.沥青路面车辙形成规律与温度场关系研究[D].南京:东南大学,2007.

[62] 付凯敏.沥青路面结构车辙模拟及抗车辙性能研究[D].南京:东南大学,2008.

第8章 煤直接液化残渣改性沥青混合料的工程应用

根据第7章荷载-温度耦合作用下路面结构危险层位分析可知,路面结构中面层的高温时间持续最长,而且时间段与交通量较大的晚高峰高度重叠。因此,中面层是发生车辙病害的最危险层位,需要应用抗高温变形能力较强的材料。

根据 DCLR 及复合 DCLR 改性沥青混合料的性能特点,本章提出了 DCLR 及复合 DCLR 改性沥青混合料的适用范围,将其应用在路面结构中面层,以便最大程度发挥其性能优势,同时避免出现低温开裂。提出了 DCLR 及复合 DCLR 改性沥青混合料的施工工艺,并将其应用在宁夏彭青一级公路和内蒙古 S102 一级公路中。

8.1 煤直接液化残渣改性沥青混合料适用范围

(1)一般情况。

除特别寒冷的地区外,通常有使用改性沥青要求的路面工程都可以考虑使用 DCLR 及复合 DCLR 改性沥青混合料,尤其是存在重载交通、高轮压荷载、慢速交通条件;或工程项目所处地区有高温和多雨气候条件;或工程项目所处地区的现有路面存在较多的车辙、推移、沉陷等变形类病害问题。

(2)从交通荷载条件考虑,路面工程中适用 DCLR 及复合 DCLR 改性沥青混合料的情况包括:

①存在重载交通路段;

②存在慢速交通路段,如山区公路上坡路段、经常出现交通拥堵的路段;

③存在高轮压荷载路段,如矿区、港口地区的交通荷载;

④水平荷载作用较多的路段,如道路的交叉路口、收费站附近、公交车站、急转弯路段;

⑤其他情况的路段,如桥面沥青铺装层、寒冷地区因防滑钉导致出现磨耗性

车辙的路段。

（3）从气候条件考虑，路面工程中适用 DCLR 及复合 DCLR 改性沥青混合料的情况包括：

①处于夏炎热区和夏热区的路段；

②处于年降雨量 800mm 以上的气候区路段；

③在冬季严寒区应用路段，必须要经过论证和室内试验检验。

（4）从应用层位考虑，路面工程中适用 DCLR 及复合 DCLR 改性沥青混合料的情况包括：

①对于二层或三层沥青混合料结构层组成的沥青路面，复合 DCLR 改性沥青混合料应在上面层使用；

②对于二层沥青混合料结构层组成的沥青路面，DCLR 改性沥青混合料应在下面层使用；

③对于三层沥青混合料结构层组成的沥青路面，DCLR 改性沥青混合料优先在中面层使用，其次在下面层使用；

④DCLR 改性沥青混合料可应用在上基层。

（5）在路面结构设计或验算分析中，DCLR 及复合 DCLR 改性沥青混合料的路面结构设计参数应通过实际试验测定。

8.2　煤直接液化残渣改性沥青混合料施工工艺

8.2.1　材料

1）DCLR

DCLR 包装必须防水，且具有良好的分散性。在运输、存储时应避免日晒、潮湿、沾污，保持外包装无损，避免划伤，并应存放于干燥、通风处，杜绝火种，不能与有机溶剂一同存放。对于干法施工，袋装可采用低密度聚乙烯塑料包装，包装净质量应考虑施工使用的便利性。

2）基质沥青

基质沥青的技术指标，应符合《公路沥青路面施工技术规范》（JTG F40—2004）的技术要求。

3）粗集料

粗集料的技术指标，应符合《公路沥青路面施工技术规范》（JTG F40—2004）的技术要求。

4）细集料

细集料技术指标,应符合《公路沥青路面施工技术规范》(JTG F40—2004)的技术要求。对于高速公路和一级公路,细集料应采用机制砂,且其中亚甲蓝值的技术标准为不大于 1.5g/kg。

5）填料

填料应干燥、洁净,应符合《公路沥青路面施工技术规范》(JTG F40—2004)的技术要求,储藏时禁止受潮。对高速公路和一级公路,拌和机回收的粉料禁止使用。

在粗集料黏附性不符合技术要求时,可考虑添加抗剥落剂,通常添加消石灰,消石灰的添加量占矿粉量的 40% 以下。

8.2.2 施工机械设备

（1）当 DCLR 使用"干法"施工工艺时,间歇式沥青混合料拌和机宜配备 2 个带独立计量装置的矿粉仓,尤其是大规模施工条件下;当不具备上述条件或小规模施工,或断续使用 DCLR 改性沥青混合料时,可考虑在拌和锅设投料口,此情况下应安装响铃装置和监控设备。

（2）对高速公路和一级公路,宜配备 5 台用于沥青路面施工的压路机,其中钢轮振动式压路机、胶轮压路机不少于 2 台。对于低等级公路,则优先配备钢轮振动式压路机或钢轮压路机。其他施工设备应符合《公路沥青路面施工技术规范》(JTG F40—2004)的技术要求。

8.2.3 试验检测仪器

按《公路工程沥青及沥青混合料试验规程》(JTG E20—2011)配备性能良好、精度符合规定的试验检测仪器。当对沥青混合料的抗车辙性能有较高要求时,现场应配置车辙成型仪和车辙试验机,从而方便进行沥青混合料的抗车辙性能检测。

8.2.4 配合比设计

1）DCLR 掺量
DCLR 掺量的初步选择考虑以下几个因素:
（1）DCLR 的来源、灰分含量和四组分组成;
（2）已有工程使用技术经验,特别是本地区应用 DCLR 效果较好的工程典型案例;

221

（3）根据工程项目的气候和交通设计条件进行适当的调整；

（4）考虑 DCLR 改性沥青混合料的应用层位、费用成本等因素；

（5）无工程应用经验时，按表 8-1 推荐使用，并结合项目情况、DCLR 测试情况进行适当调整；

DCLR 的推荐掺量   表 8-1

种　　类	掺量范围(%)	典型掺量(%)	备　　注
DCLR	5 ~ 10	10	与基质沥青的质量比

（6）根据目标配合比试验数据调整 DCLR 掺量。

根据初定 DCLR 掺量的目标配合比设计数据，分析掺加 DCLR 后沥青混合料的马歇尔强度、水稳性、高温稳定性、低温稳定性等性能检验结果，综合混合料技术要求和经济性分析，进一步调整确定工程用 DCLR 掺量。有条件时，应以初步选定的 DCLR 掺量为中心，进行 3 个不同 DCLR 掺量的沥青混合料性能试验，优化确定。

2）DCLR 改性沥青混合料设计要求

DCLR 改性沥青混合料的设计技术要求应满足表 8-2 的技术要求，其中沥青混合料的高温动稳定度、低温破坏应变等指标，则根据工程项目的交通荷载、气候条件等情况进行适当调整。

DCLR 改性沥青混合料技术要求   表 8-2

试 验 项 目	单　　位	技术要求	备　　注
马歇尔试件击实次数	次	75	
马歇尔试验稳定度，不小于	kN	8.0	
马歇尔试验流值	mm	1.5 ~ 4.0	
残留稳定度，不小于	%	80	
冻融劈裂强度比，不小于	%	80	
动稳定度，不小于	次/mm	1800 ~ 2800	根据气候条件
弯曲试验破坏应变，不小于	με	2500 ~ 3000	根据气候条件
渗水系数，不大于	mL/min	120	

3）DCLR 改性沥青混合料目标配合比设计方法

（1）按常规马歇尔试验方法进行基质沥青混合料（即不掺加 DCLR 基质沥青）的配合比设计，包括原材料的检验、沥青混合料级配确定、最佳油石比确定和性能检验。

（2）对于确定的普通沥青混合料最佳油石比，降低 0 ~ 0.2 个百分点作为

DCLR改性沥青混合料的最佳油石比,进行各种性能检验。

4)DCLR改性沥青混合料室内试验的试件制备

对于"干法"方式,试件制备流程为:

(1)将预热的目标级配集料加入室内试验用的小型拌和锅中,按掺配比例将DCLR加入拌和锅中干拌40s;

(2)加入基质沥青拌和90s;

(3)加入矿粉拌和90s,最后将拌制好的沥青混合料按照压实温度进行试件的成型工作,其中各环节温度控制可见表8-3。

DCLR改性沥青混合料温度控制

表8-3

试验项目	集料加热温度	沥青加热温度	混合料拌和温度	混合料出料温度	试件击实温度
温度(℃)	180~190	150~160	170~175	165~170	155~160

5)生产配合比设计与验证

生产配合比设计按《公路沥青路面施工技术规范》(JTG F40—2004)的技术要求进行。生产配合比进行试拌、铺筑时,应重点检验"干法"工艺拌制沥青混合料质量的稳定性,并取料进行车辙试验、浸水马歇尔、冻融劈裂强度、低温破坏应变等性能试验。根据油石比检验结果分析沥青用量的波动,使用核子密度仪比选不同压实工艺,优化确定压实方案和压实遍数。

8.2.5 施工

1)准备工作

对下承层基面提前检查、评定,洒布黏层;DCLR的运输和储存必须做到防水;对一线施工人员进行详细的技术交底和培训;对"干法"工艺应提前试验,做到工艺稳定;进行对比试验标定燃烧法测试沥青用量的修正系数。

2)生产

当沥青混合料拌和楼存在2个矿粉仓时,可将符合质量标准的DCLR提升到其中一个独立的矿粉仓中。按生产配合比确定各种材料的用量参数,输入控制拌和楼的计算机,设置温度、时间的工艺参数。

按下述程序拌和生产DCLR改性沥青混合料:计量好的集料先进入拌和锅,然后把计量好的DCLR投放进拌和锅,以保证集料与DCLR颗粒均匀混合。干拌时间与普通沥青混合料的拌和时间一样。干拌结束后,将基质沥青喷入进行"湿拌",湿拌时间可与《公路沥青路面施工技术规范》(JTG F40—2004)中规定的拌和时间保持一致。

拌和后的 DCLR 改性沥青混合料应均匀地裹覆沥青,无花白料、结团成块或严重的粗、细料分离现象,根据现场拌和效果对初定的干拌和湿拌时间进行检查和调整。

DCLR 改性沥青混合料的生产温度按表 8-4 控制。

DCLR 改性沥青混合料生产温度控制   表 8-4

试验项目	集料加热温度	沥青加热温度	混合料出料温度	混合料运输到场温度
温度(℃)	180 ~ 190	150 ~ 160	165 ~ 175	≥160

注:拌和温度和碾压温度宜经黏温曲线检验。

当沥青混合料拌和楼无 2 个矿粉仓时,也可以采用其他机械或人工等方式将提前计量好的 DCLR 直接投入拌和锅。但必须保证投放时机,在喷入基质沥青前通过高温集料的剪切作用将 DCLR 熔融分散。

当采用人工方式投放时,应在投放口设置摄像头和投放提示铃,于控制室进行视频监控和铃声提醒,以保证投放准确和稳定,避免多投、漏投或投放时间偏差过大,投放的 DCLR 应提前称量和分装。

3)运输

运料车应用篷布覆盖,用以保温、防雨、防污染,运料车到达现场后,待本车混合料摊铺完后才可揭开保温篷布。到达现场时混合料温度不宜低于 160℃。

为防止沥青与车厢板黏结,车厢侧板和底板涂一层隔离剂(如植物油和水的混合物),不得有余液聚在车厢底部。自卸汽车运输能力比拌和能力和摊铺速度有所富余,使用 15t 以上自卸汽车运输。开始摊铺时排在施工现场等候卸料的运料车不少于 3 辆。

4)摊铺

采用 2 台摊铺机成梯队作业进行全幅摊铺,2 台摊铺机相隔间距 2 ~ 4m。根据拌和机拌和能力、施工机械配套情况及摊铺层厚度、宽度,经计算确定摊铺速度,宜控制在 2.0 ~ 4.0m/min,保证摊铺机缓慢、均匀、连续不断地摊铺。摊铺过程中,不得出现停机待料或者随意更换摊铺速度。摊铺机应对沥青混合料进行较好的初步振实。摊铺温度与松铺厚度紧跟摊铺机测量,并予以记录,摊铺后沥青混合料温度控制宜在 150℃以上,松铺系数经试铺确定。黏层如有损坏,必须在损坏部位进行人工补洒后方可施工。摊铺前摊铺机熨平板加热温度应在 100℃以上。摊铺过程中要派人在摊铺机后巡查,如果有离析等异常现象要及时分析原因,采取措施予以处理,或暂停施工,重新进行工艺试验。见表 8-5。

当路面温度低于 5℃、气温低于 10℃时或大风天气时,禁止摊铺。

DCLR 改性沥青混合料现场施工温度控制　　　　　表 8-5

试验项目	到场温度	摊铺温度	初压温度	复压温度	终压温度
温度(℃)	≥160	≥150	≥145,紧跟摊铺机	≥130,紧跟初压	表面≥90

5)碾压

初压在不低于 145℃下进行,由低侧向高侧碾压,压路机轮迹的重叠宽度不应超过 20cm。在保证混合料不粘轮的情况下应尽量减少喷水,防止沥青混合料降温过快,钢轮压路机前进喷水,后退不喷水。

复压主要解决密实度问题。应保证沥青混合料温度不低于 130℃时压实效果较好,并应紧跟初压之后进行。

终压主要是消除轮迹,改善铺筑层的平整度,碾压终了时沥青混合料温度以尽量控制在 90℃以上为宜。

8.2.6　质量控制与管理

1)原材料的质量控制

颜色、杂质含量等在施工中随时目测,基质沥青、集料和矿粉等的质量检验按《公路沥青路面施工技术规范》(JTG F40—2004)执行。

2)沥青混合料生产的质量控制

DCLR 改性沥青混合料生产的质量控制管理与其他沥青混合料基本相同,高速公路及一级公路应按表 8-6 执行。

DCLR 改性沥青混合料生产的质量控制要求(高速公路、一级公路)　表 8-6

检 测 项 目	频 率	质 量 标 准	试 验 方 法
外观	随时	均匀、色泽亮,无花白料、离析、油团	目测
混合料成品温度	逐车检测评定	165 ~ 175℃	自动检测与打印、存储
混合料温度波动	逐盘测量记录,每天标准差评定	标准差小于 5℃	自动检测与打印、存储
最大理论密度	每日 1 次	实测记录	T 0711
空隙率	每日 2 次	与设计偏差 ±1%	T 0702、T 0709
矿料间隙率 VMA	每日 2 次	与设计偏差 ±1%	T 0702、T 0709
马歇尔稳定度、流值	每日 2 次	符合设计要求	T 0702、T 0709
马歇尔残留稳定度	每 2 日 1 次	符合设计要求	T 0702、T 0709
车辙试验	每日 1 次	符合设计要求	T 0719
低温弯曲破坏试验	必要时	符合设计要求	T 0715
热料仓筛分结果	每 2 日 1 次	实际测定	T 0302

3）现场施工的质量检验

现场施工检测项目按《公路沥青路面施工技术规范》（JTG F40—2004）进行。

8.3 煤直接液化残渣改性沥青混合料在宁夏彭青一级公路中的应用

8.3.1 工程概况

宁夏彭阳至青石嘴一级公路起点位于彭阳县城西端，与 G309 彭阳县城过境段连接，终点衔接福银高速公路青石嘴收费站，公路等级为一级公路，全长34.5km，设计速度为 80km/h，项目概算总投资 17.8 亿元。宁夏彭阳至青石嘴公路的建设把彭阳县县城东部的干线公路 S203 线、G309 线、彭阳至甘肃镇原县公路与彭阳县城西部的 S101 线、福银高速公路有效连接。项目建成后不仅为彭阳县提供一条快捷高速通道，同时也更进一步完善宁夏回族自治区"三纵九横"公路网，提高了宁夏路网通行能力和整体服务水平，加强了宁夏彭阳县与甘肃省的往来，改善了省级运输通道，成为宁夏南部山区与甘肃省连接的快速通道。

项目所在区域按照《中华人民共和国公路自然区划图》划分为 III_2 区（陕北典型黄土高原中冻区）。根据《彭阳至青石嘴公路可行性研究报告》进行交通量的预测，确定项目设计交通荷载等级为特重交通荷载等级。根据交通量及公路等级对路面强度的要求，并结合沿线气候、水文、地质及材料分布情况，结合项目实际情况，面层采用 2 层，总厚度 10cm，见表 8-7。上面层采用 4cm 细粒式沥青混凝土，级配类型选用 AC-13F，通过关键性筛孔 2.36mm 的含量大于 40%；下面层采用 6cm 中粒式沥青混凝土，级配类型选用 AC-20C，通过关键性筛孔 4.75mm 的含量小于 45%。

8.3.2 试验段设计方案

（1）路段位置：K31＋700～K32＋200 左半幅，共 500m。

（2）设计方案：中面层采用 AC-20C 型 4‰DCLR 改性沥青混合料，其他结构层次不变。

路　面　结　构　　　　　　　　　　表8-7

材 料 名 称	厚度(cm)
细粒式沥青混凝土(AC-13F)	4
中粒式沥青混凝土(AC-20C)	6
水泥稳定碎石基层	16
水泥稳定碎石底基层	36

8.3.3　原材料性能检测

1)基质沥青

基质沥青采用克拉玛依90号沥青,主要对针入度、延度、软化点等指标进行相关检测,所测结果满足《公路沥青路面施工技术规范》(JTG F40—2004)的技术要求,见表8-8。

90号基质沥青性能检验结果　　　　表8-8

试 验 项 目	单位	技术要求	试验结果
针入度(25℃,5s,100g)	0.1mm	80~100	92
延度(15℃,5cm/min),不小于	cm	100	>100
软化点 $T_{R\&B}$,不小于	℃	44	45.5
动力黏度(60℃)	Pa·s	140	164
闪点(COC),不小于	℃	245	320
蜡含量,不大于	%	2.2	1.7
沥青相对密度(25℃)	—	—	0.999
RTFOT后的残留物			
质量变化,不大于	%	±0.8	-0.5
针入度比(25℃),不小于	%	57	65
延度(10℃,5cm/min),不小于	cm	8	16

2)粗集料

采用三关口石料厂生产的15~20mm、10~20mm、5~10mm石灰岩碎石,对其技术性能进行检测,见表8-9。

粗集料性能检测结果 表 8-9

试 验 项 目	单位	技术要求	5 ~ 10mm	10 ~ 15mm	15 ~ 20mm
表观相对密度,不小于	—	2.60	2.737	2.726	2.720
毛体积相对密度	—		2.720	2.707	2.680
吸水率,不大于	%	2.0	0.20	0.22	0.48
洛杉矶磨耗损失,不大于	%	28	19.5	19.5	19.5
针片状颗粒含量,不大于	%	15	13.3	7.5	5.2
水洗法 <0.075mm 颗粒含量,不大于	%	1	0.2	0.2	0.3
石料压碎值,不大于	%	26	21.2	21.2	21.2
对沥青的黏附性,不小于	级	5	4	4	4
软石含量,不大于	%	3	2.2	1.9	1.5

3)细集料

细集料采用三关口石料厂生产的 0 ~ 5mm 石灰岩碎屑,对其技术性能进行检测,见表 8-10。

细集料性能检测结果 表 8-10

试 验 项 目	单 位	技术要求	试验结果
表观相对密度,不小于	—	2.50	2.682
毛体积相对密度	—	—	2.645
棱角性(流动时间),不小于	s	30	37.8
砂当量,不小于	%	60	74.0

4)填料

填料采用青铜峡石灰岩经磨细得到的矿粉,对其技术性能进行检测,见表 8-11。

矿粉性能检测结果 表 8-11

试 验 项 目		单 位	技术要求	试 验 结 果
表观密度,不小于		t/m³	2.50	2.760
粒度范围	<0.6mm	%	100	100.0
	<0.15mm	%	90 ~ 100	100.0
	<0.075mm	%	75 ~ 100	96.3
塑性指数,小于		—	4	3.0

试 验 项 目	单 位	技 术 要 求	试 验 结 果
亲水系数,小于	—	1	0.6
外观	—	无团粒结块	无团粒结块

5) DCLR

DCLR 检测方法参照《沥青混合料添加剂 第 1 部分:抗车辙剂》(JT/T 860.1—2013)执行,见表 8-12。为了更好地检测 DCLR 的性能,又进行了分散性试验。

DCLR 改性剂性能检测结果 表 8-12

检 测 项 目	单 位	技 术 要 求	实 测 值
外观	—	颗粒状,均匀、饱满	黑褐色
直径,不大于	mm	3	3
长度,不大于	mm	5	5

8.3.4 目标配合比设计

(1)设计方法:采用马歇尔试验配合比设计方法。

(2)DCLR 改性沥青混合料目标配合比合成级配:接近中值,满足《公路沥青路面施工技术规范》(JTG F40—2004)的要求,级配组成见表 8-13。

DCLR 改性沥青混合料的合成级配(%) 表 8-13

筛孔 (mm)	15~20mm	10~20mm	5~10mm	0~5mm	矿粉	合成级配	工程设计级配范围		
							中值	下限	上限
26.5	100	100	100	100	100	100	100	100	100
19	51.2	93.7	100	100	100	92.7	94	98	90
16	16.1	77.5	100	100	100	83.0	82	90	74
13.2	4.7	50.2	100	100	100	71.6	71	80	62
9.5	0.2	5.9	90.4	100	100	52.7	60	70	50
4.75	0	0	0.3	98.8	100	35.6	33	40	26
2.36	0	0	0	81.9	100	29.9	26	36	16
1.18	0	0	0	62.3	100	23.2	22.5	33	12
0.6	0	0	0	41.7	100	16.2	16	24	8
0.3	0	0	0	24.0	100	10.2	11	17	5

续上表

筛孔（mm）	15～20mm	10～20mm	5～10mm	0～5mm	矿粉	合成级配	工程设计级配范围		
							中值	下限	上限
0.15	0	0	0	19.7	100	8.7	8.5	13	4
0.075	0	0	0	8.1	96.3	4.7	5	7	3
比例	10	38	16	34	2				

（3）DCLR 改性沥青混合料性能：根据确定的级配组成，制备试件，对混合料技术性能进行检测，见表 8-14。

DCLR 沥青混合料的性能　　　　　　　　　　　表 8-14

试验项目	单　位	技术要求	实测结果
试件尺寸	mm	$\phi 101.6 \times 63.5$	$\phi 101.6 \times 63.5$
击实次数（双面）	次	75	75
空隙率	%	3～6	4.4
矿料间隙率 VMA，不小于	%	13	13.4
沥青饱和度 VFA	%	65～75	67.5
马歇尔试验稳定度 MS，不小于	kN	8.0	14.26
流值 FL	mm	1.5～4	3.84
动稳定度，不小于	次/mm	2400	9867
浸水马歇尔试验残留稳定度，不小于	%	85	104.8
冻融劈裂试验的残留强度比，不小于	%	80	86.6
低温弯曲破坏应变，不小于	$\mu\varepsilon$	2500	2752

（4）目标配合比：15～20mm 碎石 10%、10～20mm 碎石 38%、5～10mm 碎石 16%、石屑 34%、矿粉 2%、最佳沥青用量 4.2%、DCLR 改性剂 4‰。

8.3.5　试验路铺筑

试验路的开始铺筑时间为 2015 年 6 月 25 日 8:30，于 13:00 结束。

1）沥青混合料拌和站

工程采用中交西安筑路机械有限公司研发的 4000 型沥青拌和楼，如图 8-1 所示。试验段实际产量每盘 3t。拌料前对拌和设备及配套设备进行了检查，使各种仪表处于正常的工作状态。下面层热料仓振动筛采用 3mm×3mm、6mm×6mm、11mm×11mm、17mm×17mm、23mm×23mm、30mm×30mm 六档筛网。

图 8-1　拌和楼

2）DCLR 加入方式

试验路采用人工投放方式,用标定好带刻度的容器逐盘投放,每盘料添加 10kg DCLR。为了保证 DCLR 的干拌时间,本次投料口采用拌和楼计量装置的观察口,即在上一盘混合料拌和时,将 DCLR 加入拌和楼的计量装置上,在从计量装置往拌缸卸料时,DCLR 随集料一起进入拌和锅,如图 8-2 所示。

图 8-2　DCLR 加入方式

3）拌和工艺

加入 DCLR 后先进行干拌,"干拌"12s 后再加入沥青进行"湿拌"30s,总拌和时间为 64s。

4）沥青混合料运输车

运输车辆侧帮进行了保温处理,上部覆盖保温棉,车辆保温效果较好,如图 8-3 所示。

图 8-3　加装保温棉的运输车辆

5）摊铺

试验段当日气温适中，摊铺段落内的下封层表面洁净无污染。本次摊铺采用 2 台福格勒 2100-2 型摊铺机梯队铺筑，摊铺机前后错开 10～20m，错开长度偏大，宜控制为 5～8m，采用"非接触式"平衡梁控制平整度及摊铺厚度，桥头50m 采用基线控制平整度及摊铺厚度。前面一台摊铺机摊铺过后，摊铺层纵向接缝上应呈台阶状，后面摊铺机应跨缝 3～6cm 摊铺。摊铺机就位后，应先预热0.5～1h，使熨平板的温度不低于 100℃，调整熨平板高度在下面垫木块，厚度与松铺厚度相等，使熨平板牢固地放在上面，并调整好熨平板仰角，如图 8-4 所示。

图 8-4　试验摊铺组合

监控人员现场随机抽检了几组摊铺温度,摊铺温度不低于 150℃,见表 8-15。从检测结果来看,摊铺温度基本满足要求。

摊铺温度检测   表 8-15

检测次数	1	2	3	4	5
温度(℃)	150	152	151	152	150

6)碾压

施工单位采用 2 台 HD-130 型双钢轮压路机、2 台徐工 XP302 胶轮压路机、1 台洛阳路通 LTP2030H 胶轮压路机、1 台三一 YZC130 型双钢轮压路机进行组合碾压,如图 8-5、图 8-6 所示。具体碾压工艺见表 8-16。

图 8-5 双钢轮压路机

图 8-6 胶轮压路机

初压在不低于 150℃下进行,由低侧向高侧碾压,压路机轮迹的重叠宽度不应超过 20cm。在保证混合料不粘轮的情况下应尽量减少喷水,防止沥青混合料降温过快,钢轮压路机前进喷水,后退不喷水。

压路机碾压工艺   表 8-16

工　艺	碾压方式和遍数					
	初压		复压		终压	
	方式	遍数	方式	遍数	方式	遍数
2 台 HD-130 双钢轮压路机	静压	2				
2 台徐工 XP30230t 胶轮压路机			静压	6		
1 台三一 YZC130 型双钢轮压路机					静压	2

复压主要解决密实度问题,应保证沥青混合料温度不低于130℃时压实效果较好,并应紧跟初压之后进行。

终压主要是消除轮迹,改善铺筑层的平整度,碾压终了时沥青混合料温度尽量控制在90℃以上为宜。

在试验段施工现场随机抽检了几组初压温度,见表8-17。从检测结果来看,碾压阶段温度控制满足要求。

碾 压 温 度 检 测   表 8-17

检测次数	1	2	3	4	5
初压温度(℃)	150	145	147	152	147

采用3钢3胶组合碾压方式进行下面层碾压,试验段压实度满足要求,路表面密实效果较好。

7)压实度检测

咨询单位会同监理和施工单位对试验段进行了取芯检测,如图8-7所示。

图 8-7　试验路段取芯

从外观看,芯样完整,芯样压实度、厚度试验检测结果见表8-18。从压实度、厚度检测结果来看,本次试验段抽检了5个芯样,下面层芯样压实度、厚度均满足设计要求。

路面芯样压实度及厚度 表8-18

芯样编号	取 芯 位 置	芯样厚度(cm)	芯样相对密度	理论最大相对密度	理论压实度(%)
1	K31+750(距中3m)	7.9	2.426		94.7
2	K31+850(距中6m)	7.8	2.435		95.0
3	K31+950(距中9m)	7.6	2.438	2.562	95.2
4	K32+050(距中3m)	8.0	2.433		95.0
5	K32+150(距中6m)	8.1	2.429		94.8
平均值		7.9	2.421		94.5
要求		≥7.5	—		≥93.0
合格率(%)		100	—		100

8)平整度检测

试验路各车道的平整度测试结果见表8-19。

路面平整度试验结果 表8-19

桩 号	超 车 道	行 车 道
	0.48	0.26
	0.51	0.71
K31+700~K32+200 右幅	0.46	0.56
	0.48	0.15
平均值	0.48	0.42
要求	1.5	1.5
合格率(%)	100	100

8.3.6 试验段铺筑质量检验

(1)经检验,压实度、渗水系数、摩擦系数、厚度、平整度均符合《公路工程质量检验评定标准 第一册 土建工程》(JTG F80/1—2004)中的要求。

(2)经检验,车辙符合《公路工程技术状况评定标准》(JTG H20—2007)中的要求。

8.4 煤直接液化残渣改性沥青混合料在内蒙古 S102 一级公路中的应用

8.4.1 工程概述

内蒙古 S102 线崞县窑至凉城段地处凉城县。该县位于阴山南麓、长城脚下、黄土高原东北边缘、内蒙古自治区中南部,坐落在东经 112°28′ ~ 112°30′、北纬 40°29′ ~ 40°32′之间。地貌复杂多样,山地丘陵为主,最高处海拔 2305m。该地区属中温带半干旱大陆性季风气候。冬季较长而寒冷,无霜期平均为 140d 左右,初霜 9 月 9 日至 9 月 20 日,终霜 5 月 17 日至 5 月 27 日;夏季短促,雨水集中而温热;春秋天气多变而剧烈,多风干燥;降水偏少,蒸发量大,年降水量平均350 ~ 450mm,降水量最多时达 790mm,降水量最少时 201mm。年日照时数 3000多小时,年平均气温为 5℃,一月平均气温 – 13℃,极端最低气温 – 34.3℃,七月平均气温 20.5℃,极端最高气温 39.3℃。

内蒙古 S102 线崞县窑至凉城段处于 2-2-3 区,即夏热冬寒区。

8.4.2 试验段设计方案

(1)路段位置:K87 + 220 ~ K87 + 720,长度 500m。

(2)设计方案:右幅上基层采用 ATB-25 型 DCLR 改性沥青混合料;左幅下面层采用 AC-25 型 DCLR 改性沥青混合料。

8.4.3 原材料性能检测

1)沥青

结合内蒙古 S102 线崞县窑至凉城段夏热、冬寒的气候特点,以及路面所承受的交通荷载情况,试验路沥青采用 SBS 改性沥青,按照《公路沥青路面施工技术规范》(JTG F40—2004)及具体工程的要求,对采用的沥青进行了指标的测试,见表 8-20。

SBS 沥青性能检测结果   表 8-20

项 目	单 位	技 术 要 求	试 验 结 果
针入度(25℃,5s,100g)	0.1mm	60 ~ 80	69
针入度指数 PI	—	$\geqslant -0.4$	– 0.04

续上表

项　　目	单　　位	技 术 要 求	试 验 结 果
软化点 $T_{R\&B}$	℃	≥55	63.0
5℃延度	cm	≥30	58
135℃运动黏度	Pa·s	1~3	1.6
闪点	℃	≥230	298
溶解度	%	≥99	99.96
25℃弹性恢复	%	≥65	80
25℃相对密度	—	—	0.999
TFOT 后的残留物			
质量变化	%	≤±1.0	0.016
25℃残留针入度比	%	≥60	84.5
5℃残留延度	cm	≥20	31

从表 8-20 中可见,SBS 改性沥青的各项技术指标符合《公路沥青路面施工技术规范》(JTG F40—2004)及工程相应的技术要求,可以在该工程中使用。

2)粗集料

粗集料必须洁净、干燥、表面粗糙。对配制 AC-25 以及 ATB-25 的 DCLR 改性沥青混合料的玄武岩粗集料进行了相关指标测试,见表 8-21。

粗集料性能检测结果　　　　　　　　　　　　　　表 8-21

指　　标		单位	20~30mm	10~20mm	5~10mm	3~5mm	技 术 要 求
石料压碎值		%		17.8			≤25
洛杉矶磨耗损失		%		20.5			≤25
表观相对密度		—	2.780	2.869	2.877	2.878	≥2.60
吸水率		%	0.62	1.1	1.3	1.3	≤2.0
针片状 颗粒含量	>9.5mm	%	6.1	9.7	—	—	≤12
	<9.5mm	%	—	—	13.4	—	≤18
水洗法<0.075mm 颗粒含量		%	0.1	0.1	0.1	1.1	≤1
软石含量		%	0.5	0.7	0.9	—	≤1
坚固性		%		5.2			≤12
对沥青的黏附性		级		5			≥4

从表 8-21 可见,粗集料的各项技术指标均符合《公路沥青路面施工技术规范》(JTG F40—2004)及工程相应的技术要求,可以在工程中使用。

3)细集料

沥青路面所用细集料应洁净、干燥、无风化、无杂质,并有适当的颗粒级配。对配制 AC-25 以及 ATB-25 的 DCLR 改性沥青混合料机制砂进行了相关指标测试,见表 8-22。

细集料性能检测结果

表 8-22

指　　标	单　　位	机制砂	技术要求	试验方法
表观相对密度	—	2.866	≥2.50	T 0328
亚甲蓝值	g/kg	3.1	≤25	T 0349
坚固性(>0.3mm 部分)	%	4.2	≤12	T 0340

从表 8-22 可见,机制砂的各项技术指标均符合《公路沥青路面施工技术规范》(JTG F40—2004)及工程相应的技术要求,可以在工程中使用。

4)填料

矿粉采用强基性岩石等憎水性石料经磨细得到的矿粉,应干燥、洁净,能自由地从矿粉仓流出。对矿粉进行了相关指标测试,见表 8-23。

矿粉性能检测结果

表 8-23

项　　目		单　　位	技术要求	试验结果
表观密度		g/cm³	≥2.50	2.872
含水率		%	≤1	0.5
粒度范围	<0.6mm	%	100	100
	<0.15mm	%	90~100	98.3
	<0.075mm	%	75~100	90.5
外观		—	无团粒结块	无团粒结块
亲水系数		—	<1	0.7
塑性指数		—	<4	2.6
加热安定性		—	实测记录	无颜色变化

从表 8-23 可见,矿粉的各项技术指标均符合《公路沥青路面施工技术规范》(JTG F40—2004)及工程相应的技术要求,可以在工程中使用。

8.4.4　配合比设计

1)集料筛分及组成设计

为了确保 DCLR 改性沥青混合料的高温抗车辙能力,同时兼顾低温抗裂性能的需要，根据在以往工程中取得的成功经验及本工程的特点，在进行集料组成设计时宜适当减少公称最大粒径附近的粗集料用量，使中等粒径集料偏多，形成较为平坦的 S 形级配曲线，并取中等或偏高水平的设计空隙率。

在进行 DCLR 改性沥青混合料（AC-25 和 ATB-25）配合比设计时，首先初步提出了工程设计级配范围，见表 8-24 和表 8-25。

AC-25 合成级配（%） 表 8-24

尺寸（mm）	20~30mm	10~20mm	5~10mm	3~5mm	机制砂	矿粉	级配	中值	范围
31.5	100.00	100.00	100.00	100.00	100.00	100.00	100.0	100	100
26.5	88.93	100.00	100.00	100.00	100.00	100.00	97.8	95	90~100
19	10.55	97.22	100.00	100.00	100.00	100.00	81.9	82.5	75~90
16	1.15	69.04	100.00	100.00	100.00	100.00	72.8	74	65~83
13.2	0.10	37.65	100.00	100.00	100.00	100.00	64.4	66.5	57~76
9.5	0.10	3.51	97.07	99.95	100.00	100.00	55.0	55	46~65
4.75	0.10	0.10	21.23	72.18	96.60	100.00	39.0	38	24~52
2.36	0.10	0.10	2.40	30.38	70.12	100.00	27.1	29	16~42
1.18	0.10	0.10	1.77	15.82	46.99	100.00	20.0	22.5	12~33
0.6	0.10	0.10	1.74	7.34	27.25	99.95	14.1	16	8~24
0.3	0.10	0.10	1.68	3.87	14.89	99.72	10.4	11	5~17
0.15	0.10	0.10	1.31	2.69	8.52	98.34	8.4	8.5	4~13
0.075	0.10	0.10	1.15	1.79	2.07	89.95	6.0	5	3~7
比例	19	26	18	2	29	6			

ATB-25 合成级配（%） 表 8-25

尺寸（mm）	20~30mm	10~20mm	5~10mm	3~5mm	机制砂	矿粉	级配	中值	范围
31.5	100.0	100.0	100.0	100.0	100.0	100.0	100.0	100	100
26.5	84.8	100.0	100.0	100.0	100.0	100.0	95.4	95	90~100
19	4.4	98.9	100.0	100.0	100.0	100.0	71.0	71	64~78
16	2.4	75.9	100.0	100.0	100.0	100.0	64.7	61	54~68
13.2	0.1	48.4	100.0	100.0	100.0	100.0	57.1	54	47~61

尺寸 （mm）	20 ~ 30mm	10 ~ 20mm	5 ~ 10mm	3 ~ 5mm	机制砂	矿粉	级配	中值	范围
9.5	0.1	4.6	86.6	100.0	100.0	100.0	44.0	44	37 ~ 51
4.75	0.1	0.1	4.4	56.4	99.8	100.0	29.7	30	24 ~ 36
2.36	0.1	0.1	4.0	9.3	77.6	100.0	23.6	22	17 ~ 27
1.18	0.1	0.1	3.9	1.5	61.0	100.0	19.1	15.5	11 ~ 20
0.6	0.1	0.1	3.9	1.4	48.1	100.0	15.7	11.5	8 ~ 15
0.3	0.1	0.1	0.2	1.4	32.1	99.8	10.8	8	5 ~ 11
0.15	0.1	0.1	0.1	1.3	18.6	98.5	7.1	6	3 ~ 9
0.075	0.1	0.1	0.1	1.1	14.6	90.0	5.8	4	2 ~ 6
比例	30	25	16	0	27	2			

从表 8-24 和表 8-25 可见，AC-25 和 ATB-25 沥青混合料级配曲线线形较好，但是沥青厂在混合料生产过程中，仍需密切注意集料的级配变化，防止部分筛孔通过率超出级配范围，从而影响混合料质量。

2）试验条件的确定

根据《公路沥青路面施工技术规范》（JTG F40—2004）的技术要求，普通沥青混合料的拌和、压实温度是利用沥青的黏温曲线来确定的。以黏度为 0.17Pa·s 时的温度为拌和温度，以黏度为 0.28Pa·s 时的温度作为压实成型温度。利用 SBS 改性沥青的黏温曲线来确定沥青混合料的拌和及压实温度，SBS 改性沥青的黏温曲线如图 8-8 所示。

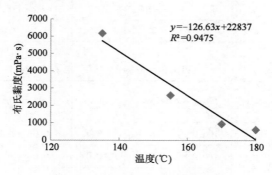

图 8-8　SBS 改性沥青黏温曲线

通过 SBS 改性沥青黏温曲线可推断 SBS 改性沥青混合料的拌和温度为 180℃，压实成型温度为 175℃。由于所用 DCLR 加热温度较高，根据工程实践经验,其出料温度要比普通沥青混合料高 10 ~ 15℃,因此确定 DCLR 改性沥青混合料的拌和温度为 190℃,成型温度为 180℃。DCLR 改性沥青混合料的拌和工艺如下:

(1)将 SBS 改性沥青、集料分别在指定温度下预热。

(2)迅速取出集料,倒入拌和锅,将集料与 DCLR 在 190℃干拌 30s。

(3)加入计算所确定的沥青用量,再次拌和 90s。

(4)将矿粉均匀撒布到拌和锅内,再次拌和 90s,即完成 DCLR 改性沥青混合料的拌和。

3)最佳油石比确定

根据各种集料配合比例及其毛体积密度,结合以往工程,预估 AC-25 和 ATB-25 最佳油石比分别为 4.0% 和 4.3%。参考《公路沥青路面施工技术规范》(JTG F40—2004)的技术要求,按照 0.5% 间隔变化,取 3 个不同的油石比,进行马歇尔试验。AC-25 和 ATB-25 型 DCLR 改性沥青混合料马歇尔试验数据见表 8-26、表 8-27 以及图 8-9、图 8-10。

AC-25 沥青混合料的马歇尔试验结果　　　　　　　　表 8-26

油石比 (%)	理论 相对密度	毛体积 相对密度	空隙率 (%)	VMA (%)	VFA (%)	稳定度 (kN)	流值 (0.1mm)
3.5	2.632	2.499	5.1	12.9	60.9	12.65	31
4.0	2.618	2.503	4.3	13.2	66.8	12.80	35
4.5	2.596	2.500	3.7	13.8	73.2	12.49	42

ATB-25 沥青混合料的马歇尔试验结果　　　　　　　　表 8-27

油石比 (%)	理论 相对密度	毛体积 相对密度	空隙率 (%)	VMA (%)	VFA (%)	稳定度 (kN)	流值 (0.1mm)
3.7	2.629	2.515	4.4	12.3	64.6	23.40	31.5
4.0	2.618	2.517	3.8	12.2	68.6	22.38	35.5
4.3	2.606	2.514	3.5	12.3	71.4	15.89	39.5

根据《公路沥青路面施工技术规范》(JTG F40—2004)的技术要求,在图 8-9、图 8-10 中求取相应于密度最大值、稳定度最大值、目标空隙率、沥青饱和度范围中值的油石比 a_1、a_2、a_3、a_4,取其平均值作为 OAC_1。以各项指标均符合技术标准(不含 VMA)的油石比范围 OAC_{min} ~ OAC_{max} 的中值作为 OAC_2。计算的最佳油石比 OAC 取 OAC_1 和 OAC_2 的平均值。

煤直接液化残渣改性沥青材料的开发及应用

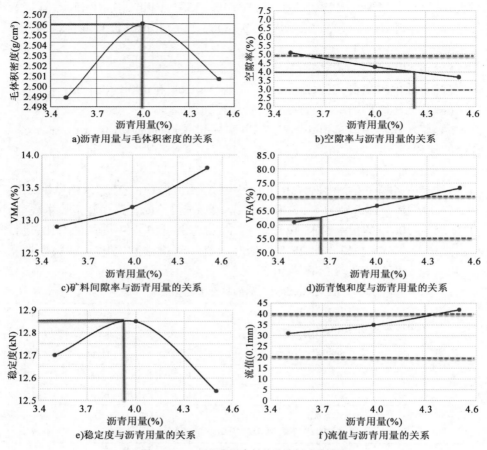

图8-9　AC-25 沥青混合料的马歇尔试验结果

　　由以上可知,密度最大值 $a_1 = 3.95\%$ 、稳定度最大值 $a_2 = 3.92\%$ 、目标空隙率 4.0% , $a_3 = 4.23\%$,沥青饱和度中值 $a_4 = 3.65\%$,即 $OAC_1 = (a_1 + a_2 + a_3 + a_4)/4 = 3.94\%$ 。当油石比在 3.53% ~ 4.3% 时,各项指标均符合标准(不含 VMA) , $OAC_{min} = 3.53\%$, $OAC_{max} = 4.3\%$, $OAC_2 = (OAC_{min} + OAC_{max})/2 = 3.92\%$ 。最佳油石比 $OAC = (OAC_1 + OAC_2)/2 \approx 3.9\%$ 。因此,本工程中 AC-25 型 DCLR 改性沥青混合料的计算最佳油石比 OAC 为 3.9% ,相应于此最佳油石比的空隙率 VV 和 VMA 值分别为 4.4% 、13.1% 。同理,计算得 ATB-25 型 DCLR 沥青混合料的最佳油石比 OAC 为 4.0% ,相应于此最佳油石比的空隙率 VV 和 VMA 值分别为 3.9% 、12.2% ,均符合《公路沥青路面施工技术规范》(JTG F40—2004)中 VV 和 VMA 的技术要求。

242

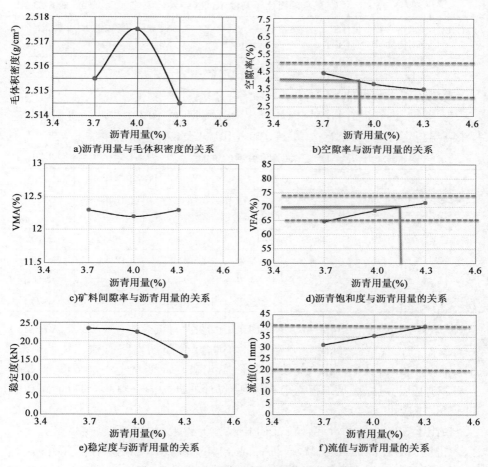

a)沥青用量与毛体积密度的关系

b)空隙率与沥青用量的关系

c)矿料间隙率与沥青用量的关系

d)沥青饱和度与沥青用量的关系

e)稳定度与沥青用量的关系

f)流值与沥青用量的关系

图 8-10　ATB-25 沥青混合料的马歇尔试验结果

AC-25 型 DCLR 改性沥青混合料在最佳油石比下的马歇尔试验结果见表 8-28。

最佳油石比下马歇尔试验结果　　　　　　表 8-28

油石比 （%）	理论 相对密度	毛体积 相对密度	空隙率 （%）	VMA （%）	VFA （%）	稳定度 （kN）	流值 （0.1mm）
3.9	2.617	2.502	4.4	13.1	66.7	12.79	34

ATB-25 型 DCLR 改性沥青混合料在最佳油石比下的马歇尔试验结果见表 8-29。

243

最佳油石比下马歇尔试验结果 表 8-29

油石比 （%）	理论 相对密度	毛体积 相对密度	空隙率 （%）	VMA （%）	VFA （%）	稳定度 （kN）	流值 （0.1mm）
4.0	2.615	2.516	3.9	12.2	66.8	22.12	33.4

4）沥青混合料性能

为了检验沥青混合料的目标配合比设计,对所配 DCLR 改性沥青混合料进行了高温稳定性、低温稳定性、水稳定性检测,见表 8-30。

沥青混合料的性能 表 8-30

检 验 项 目	单位	AC-25		ATB-25		技术要求
		SBS 改性 沥青混合料	DCLR 改性 沥青混合料	SBS 改性 沥青混合料	DCLR 改性 沥青混合料	
动稳定度（60℃）	次/mm	4892	16345	5963	19513	≥2000
低温破坏应变	με	2242	2376	2265	2193	≥2400
残留马歇尔稳定度	%	89.92	93.76	98.0	97.1	≥80
冻融劈裂残留强度比	%	82.20	88.73	87.7	82.0	≥75

从表 8-30 可见,SBS 改性沥青及 DCLR 改性沥青混合料（AC-25 和 ATB-25）动稳定度、残留稳定度、冻融劈裂强度比均符合《公路沥青路面施工技术规范》（JTG F40—2004）及工程相应的技术要求;低温破坏应变略小于规范值,但是对于 AC-25 基层,足以满足工程需求,说明所设计的沥青混合料是合理的,可以在实际工程中应用。

相比于 SBS 改性沥青混合料,DCLR 改性沥青混合料的动稳定度是其 3 倍之多,说明 DCLR 的加入明显改善沥青混合料的高温稳定性,适用于该夏季炎热区;两者的低温破坏应变、残留稳定度、冻融劈裂强度比相当,但是 DCLR 改性沥青混合料所能承受的抗弯拉强度及劈裂强度均明显高于 SBS 改性沥青混合料,说明 DCLR 的加入可改善沥青混合料的低温及水稳定性。

8.4.5 设计小结

在对内蒙古 S102 线崞县窑至凉城段所送材料进行试验检验之后,首先参照《公路沥青路面施工技术规范》（JTG F40—2004）的具体要求确定了工程设计级配范围,在集料配合比设计、混合料马歇尔相关试验的基础上得到了最佳油石比,经过配合比设计检验,证明所设计的沥青混合料各项技术指标均满足《公路沥青路面施工技术规范》（JTG F40—2004）及工程相应的技术要求,见表 8-31。

混合料配合比设计结果　　　　　　　　　　　表 8-31

级　配　类　型		AC-25	ATB-25
各材料组成 （%）	石灰岩 20～30mm	19	30
	石灰岩 10～20mm	26	25
	石灰岩 5～10mm	18	16
	石灰岩 3～5mm	2	0
	机制砂	29	27
	矿粉	6	2
最佳油石比（%）		3.9	4.0
毛体积相对密度		2.502	2.516

沥青混合料的生产配合比、生产拌和及摊铺施工在满足《公路沥青路面施工技术规范》（JTG F40—2004）的基础上，建议应满足以下要求：

1）原材料质量控制

（1）堆料场地必须硬化，具有排水措施，规格、产地不同的集料必须有效隔离，分开存放，标识必须明显，细集料必须加棚遮雨。

（2）集料必须洁净、干燥、无杂质，粗集料中小于 0.075mm 含量不得超过 1%，机制砂中小于 0.075mm 含量不得超过 15%，如果不满足要求，必须换料或采用有效措施进行处理，以保证混合料的路用性能。

（3）必须稳定集料的料源及破碎工艺，设置专人对原材料进厂进行控制，防止集料变异性过大，影响混合料的生产。

（4）在混合料生产过程中，应在每生产日对集料进行筛分，及时了解集料的级配变化，根据集料级配变化及时调整冷料仓的上料比例，以保证混合料的生产稳定性，确保混合料的路用性能。

（5）混合料生产过程中，原材料明显改变或者更换时必须重新进行目标配合比设计，确保混合料的路用性能。

（6）对于生产过程中产生的废料必须独立存放，具有明显标识；各冷料仓必须有效隔离，防止集料串仓，影响混合料的生产稳定性。

2）生产配合比设计

（1）沥青厂必须按照实际使用的各种材料，认真做好生产配合比设计。本目标配合比设计可供生产配合比设计参考。

（2）生产配合比设计级配曲线应尽量靠近目标配合比的工程级配范围中值，尤其是 0.075mm、2.36mm、4.75mm 及公称最大粒径筛孔，避免在 0.3～

0.6mm处出现驼峰。

（3）生产配合比设计时应取目标配合比设计的最佳油石比及±0.3%进行马歇尔试验和试拌，通过室内试验及从拌和机取样试验综合确定生产配合比的最佳沥青用量。生产配合比设计所得最佳油石比不宜超出目标配合比设计最佳油石比±0.2%。

3）生产配合比验证

必须进行混合料试拌及试验段铺筑，确定最佳油石比及最佳级配作为标准配合比使用。

4）混合料生产、运输

（1）混合料的拌和设备的传感器必须定期检定，冷料仓供料装置需标定出集料供料曲线，热料仓振动筛应定期检查。

（2）沥青混合料质量检验必须严格按照《公路沥青路面施工技术规范》（JTG F40—2004）执行。

（3）沥青混合料拌和过程中，必须保证沥青加热温度，集料加热温度，拌和后的沥青混合料应均匀一致，无花白，无粗、细集料分离和结团等现象。严格控制混合料的出厂温度，防止混合料过高或过低，以保证混合料的路用性能。

（4）运料车每次使用前必须清扫干净，在车厢板上涂一层防止沥青黏结的隔离剂或防粘剂，但不得有余液积聚在车厢底部；运料车应多次挪动位置，平衡装料，以减少离析；运料车必须覆盖保温、防雨、防污染。

5）混合料摊铺、碾压

（1）路面铺筑过程中必须随时按照《公路沥青路面施工技术规范》（JTG F40—2004）及《公路工程质量控制标准 土建工程》（DB15/T 441—2008）对铺筑质量进行评定。

（2）混合料摊铺时，宜缓慢、均匀、连续不间断。混合料碾压时应遵循"高频、低幅、紧跟、慢压"的原则。

（3）本次设计的沥青混合料为粗型级配，级配曲线基本上呈平坦的S形，这种级配的混合料属于嵌挤密实型级配，施工中应加大压实功，达到规定的压实度，保证沥青路面的质量。

8.4.6　试验路铺筑

试验路的开始铺筑时间为2017年4月21日8:30，于2017年4月22日5:00结束。

1）沥青拌和站

本工程采用中交西安筑路机械有限公司研发的4000型沥青拌和楼，如图8-11所示。试验段实际产量每盘3t。拌料前对拌和设备及配套设备进行了检查，使各种仪表处于正常的工作状态。下面层热料仓振动筛采用3mm×3mm、6mm×6mm、11mm×11mm、17mm×17mm、23mm×23mm、30mm×30mm六档筛网。

图8-11　拌和楼

2）DCLR加入方式

试验路采用人工投放方式，用标定好带刻度的容器逐桶投放，每盘料添加10kg DCLR改性剂。为了保证改性剂的干拌时间，本次投料口采用拌和楼的观察口，即在上一盘混合料拌和时，将改性剂加入量筒中，在从计量装置往拌缸卸料时，将改性剂人工投入拌缸，如图8-12所示。

图8-12　DCLR加入方式

3）拌和工艺

加入 DCLR 后先进行干拌，"干拌"15s 后加入沥青进行"湿拌"45s，总拌和时间为60s。

4）运输

沥青混合料运输车辆侧帮进行了保温处理，上部覆盖保温防风布，使车辆有良好的保温效果。

5）摊铺

试验段当日气温适中，摊铺段落内的下封层表面洁净无污染。本次摊铺采用2台福格勒 super2100-31 型摊铺机梯队铺筑，摊铺机前后错开 5～8m，采用"非接触式"平衡梁控制平整度及摊铺厚度，如图 8-13 所示。前面一台摊铺机摊铺过后，摊铺层纵向接缝上应呈台阶状，后面摊铺机应跨缝 3～6cm 摊铺。摊铺机就位后，应先预热0.5～1h，调整熨平板高度在下面垫木块，厚度与松铺厚度相等，使熨平板牢固地放在上面，并调整好熨平板仰角。具体摊铺工艺如下：

（1）摊铺的核心准则：摊铺机必须缓慢、匀速、连续不间断；

（2）摊铺前熨平板加热到 100～110℃；

（3）摊铺速度 1.5～2m/min；

（4）松铺系数拟采用 1.25（松铺厚度 15cm）。

图 8-13　试验摊铺组合

6）碾压

施工单位采用2台 BW203 AD 型双钢轮压路机、2台科泰 KP305 胶轮压路机、1台三一 YZC130 型双钢轮压路机进行组合碾压，如图 8-14、图 8-15 所示。

248

具体碾压工艺见表8-32。

图8-14 双轮压路机

图8-15 胶轮压路机

压路机碾压工艺 表8-32

碾压方式和遍数	初压		复压		终压	
	方式	遍数	方式	遍数	方式	遍数
2台BW203 AD双钢轮压路机	静压	2				
2台科泰KP305胶轮压路机			静压	6		
1台三一YZC130型双钢轮压路机					静压	2

7）现场摊铺、碾压温度控制

根据表8-33，施工现场严格控制混合料的摊铺温度、碾压温度。

摊铺和碾压温度控制 表8-33

混合料类型	ATB-25 （左幅，不加DCLR）	ATB-25 （右幅，加DCLR）	AC-25 （加DCLR）
下卧层温度（℃）	>10（一级公路）	>10	>10
运输到现场温度（℃）	≥150	≥160	≥160
混合料废弃温度（℃）	低于135，高于190	190	190
混合料摊铺温度（℃）	≥145	≥155	≥155
开始碾压温度（℃）	≥140	≥150	≥150
碾压终了温度（℃）	≥80	≥110	≥110
开放交通温度（℃）	≤50	≤50	≤50

在试验段施工现场随机抽检了几组初压温度，见表8-34。从检测结果来看，碾压阶段温度控制满足要求。

碾 压 温 度 检 测　　　　　　表 8-34

检测次数	1	2	3	4	5
初压温度(℃)	151	149	148	155	150

施工单位采用 3 钢 3 胶组合碾压方式进行下面层碾压,试验段压实度满足要求,路表面密实效果较好。

咨询单位会同监理和施工单位对试验段进行了取芯检测,如图 8-16 所示。

图 8-16　试验路段取芯

从外观看,芯样完整,芯样压实度、厚度试验检测结果见表 8-35。从压实度、厚度检测结果来看,本次试验段抽检了 4 个芯样,下面层芯样压实度、厚度均满足设计要求。

路面芯样压实度及厚度　　　　　　表 8-35

混合料类型	取 芯 位 置	芯样厚度 (cm)	毛体积密度 (g/cm³)	理论最大密度 (g/cm³)	压实度 (%)
AC-25 (加 DCLR)	K87 +300 (距中 2.2m)	9.0	2.451	2.608	94.0
	K87 +420 (距中 1.7m)	8.8	2.492		95.5
	K87 +515 (距中 1.7m)	7.2	2.449		93.9

续上表

混合料类型	取芯位置	芯样厚度 （cm）	毛体积密度 （g/cm³）	理论最大密度 （g/cm³）	压实度 （%）
AC-25 （加 DCLR）	K87 + 625 （距中 2.1m）	8.5	2.467	2.608	94.6
ATB-25 （加 DCLR）	K87 + 275 （距中 9.0m）	105.00	2.524	2.639	95.6
	K87 + 415 （距中 2.4m）	105.00	2.485		94.2
	K87 + 515 （距中 2.4m）	105.00	2.480		94.0
	K87 + 635 （距中 2.1m）	140.00	2.454		93.0

8）弯沉检测

本试验路中 AC-25 下面层的设计弯沉值为 0.512mm，ATB-25 基层的设计弯沉值为 0.398mm，试验路各车道的弯沉测试结果见表 8-36 和表 8-37。

路面弯沉试验结果（AC-25 型 DCLR 改性沥青混合料）　　　表 8-36

桩　号	车　道	左侧(0.01mm)	右侧(0.01mm)	备　注
K87 + 260	1	32	22	
K87 + 280	1	16	24	
K87 + 300	1	28	20	
K87 + 340	1	36	24	
K87 + 360	1	34	28	
K87 + 380	1	32	36	
K87 + 400	1	30	16	
K87 + 420	1	30	38	
K87 + 440	1	34	32	
K87 + 460	1	34	26	
K87 + 480	1	22	26	
K87 + 500	1	44	46	
K87 + 520	1	40	28	
K87 + 540	1	46	40	

续上表

桩　号	车　道	左侧(0.01mm)	右侧(0.01mm)	备　注
K87 + 560	1	38	42	
K87 + 580	1	48	36	
K87 + 600	1	26	38	
K87 + 620	1	30	38	
K87 + 640	1	34	26	
K87 + 660	1	32	46	
K87 + 680	1	28	34	
K87 + 320	2	14	24	
K87 + 340	2	22	26	
K87 + 360	2	26	22	
K87 + 380	2	24	30	
K87 + 400	2	20	66	
K87 + 420	2	26	38	
K87 + 440	2	26	22	
K87 + 460	2	16	20	
K87 + 480	2	38	30	
K87 + 500	2	24	48	
K87 + 520	2	36	34	
K87 + 540	2	36	44	
K87 + 560	2	34	20	
K87 + 580	2	28	26	
K87 + 600	2	22	26	
K87 + 620	2	26	32	
K87 + 640	2	30	22	
K87 + 660	2	22	18	
K87 + 680	2	30	24	
K87 + 700	2	36	12	
弯沉代表值(0.01mm)		45.3		

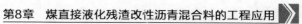

路面弯沉试验结果(ATB-25 型 DCLR 改性沥青混合料)　　　表 8-37

桩　　号	车　　道	左侧(0.01mm)	右侧(0.01mm)	备　　注
K87 + 220	3	38	32	
K87 + 240	3	37	28	
K87 + 260	3	32	28	
K87 + 280	3	30	32	
K87 + 300	3	36	26	
K87 + 320	3	24	28	
K87 + 340	3	38	30	
K87 + 360	3	38	36	
K87 + 380	3	30	32	
K87 + 400	3	32	36	
K87 + 420	3	36	38	
K87 + 440	3	34	44	
K87 + 460	3	36	36	
K87 + 480	3	34	12	
K87 + 500	3	32	18	
K87 + 520	3	28	30	
K87 + 540	3	34	32	
K87 + 560	3	24	36	
K87 + 580	3	26	28	
K87 + 600	3	10	26	
K87 + 620	3	16	20	
K87 + 640	3	26	30	
K87 + 660	3	32	30	
K87 + 680	3	34	24	
K87 + 700	3	28	40	
K87 + 700	4	24	32	
K87 + 680	4	16	26	
K87 + 660	4	34	28	
K87 + 640	4	10	16	
K87 + 620	4	22	22	

续上表

桩　　号	车　　道	左侧(0.01mm)	右侧(0.01mm)	备　　注
K87+600	4	18	14	
K87+580	4	24	18	
K87+560	4	24	30	
K87+540	4	22	24	
K87+520	4	18	18	
K87+500	4	30	16	
K87+480	4	32	20	
K87+460	4	24	20	
K87+440	4	20	8	
K87+420	4	30	26	
K87+400	4	12	12	
K87+380	4	38	22	
K87+360	4	36	24	
K87+340	4	12	24	
K87+320	4	36	22	
K87+300	4	28	28	
K87+280	4	20	30	
K87+260	4	24	26	
K87+240	4	32	28	
弯沉代表值(0.01mm)			39.7	

8.4.7　试验段铺筑质量检验

（1）经检验，本试验路的压实度、渗水系数、摩擦系数、厚度、平整度均符合《公路工程质量检验评定标准　第一册　土建工程》(JTG F80/1—2004)要求。

（2）经检验，车辙符合《公路工程技术状况评定标准》(JTG H20—2007)要求。

8.5　本章小结

本章设计了 AC-20、AC-25 和 ATB-25 三种 DCLR 改性沥青混合料，并将其分别应用在宁夏彭青一级公路和内蒙古 S102 一级公路的中、下面层及基层，提出了 DCLR 改性沥青混合料施工工艺和质量控制标准,经过室内研究及试验路铺筑验证,采用 DCLR 改性沥青混合料的路面结构具有强大的抗车辙能力,能有效防止沥青路面早期车辙的出现。同时,DCLR 改性沥青混合料在抗水损坏、低温抗裂和抗老化等路用性能方面性能也较好,可显著延长重载交通、高温多雨地区沥青路面的使用寿命。

本章参考文献

[1] 中华人民共和国交通部.公路沥青路面施工技术规范:JTG F40—2004[S].北京:人民交通出版社,2004.

[2] 中华人民共和国交通运输部.公路工程沥青及沥青混合料试验规程:JTG E20—2011[S].北京:人民交通出版社,2011.

[3] 中华人民共和国交通部.公路工程集料试验规程:JTG E42—2005[S].北京:人民交通出版社,2005.

[4] 中华人民共和国交通部.公路工程技术状况评定标准:JTG H20—2007[S].北京:人民交通出版社,2007.

[5] 中华人民共和国交通部.公路工程质量检验评定标准　第一册　土建工程:JTG F80/1—2004[S].北京:人民交通出版社,2004.

[6] 中华人民共和国交通运输部.沥青混合料改性添加剂　第 1 部分:抗车辙剂:JT/T 860.1—2013[S].北京:人民交通出版社,2013.

[7] 内蒙古自治区公路工程质量监督站.公路工程质量控制标准　土建工程:DB15/T 441—2008[S].